职业教育项目式教学系列规划教材

数控车床编程与加工

陈春阳 林 明 主 编

科学出版社

北 京

内 容 简 介

本书依据《中等职业学校数控技术应用专业教学标准（试行）》，参照《数控车工国家职业标准》而编写。全书内容以任务驱动模式进行编排，共有七个教学项目，包括数控车床的基本认知和操作、基本编程指令介绍、单一固定循环车削编程及加工、复合车削固定循环编程及加工、螺纹轴车削编程及加工、内孔车削加工及编程、内螺纹车削加工及编程。本书对课程内容、结构体系进行了全面序化和优化，有利于学习者自主学习。书中附有数控车工中级理论题库和数控车工中级技能操作题库，并且提供了大量练习图样供实训加工参考。

本书可作为中等职业学校数控技术应用专业的教材、数控车工（中级）实训与考级教材，也可作为相关行业岗位的培训教材及有关人员的自学参考用书。

图书在版编目（CIP）数据

数控车床编程与加工／陈春阳，林明主编 . — 北京：科学出版社，2017
（职业教育项目式教学系列规划教材）
ISBN 978-7-03-053563-4

Ⅰ.①数… Ⅱ.①陈… ②林… Ⅲ.①数控机床-车床-程序设计-中等专业学校-教材 ②数控机床-车床-加工工艺-中等专业学校-教材
Ⅳ.①TG519.1

中国版本图书馆CIP数据核字（2017）第140345号

责任编辑：赵文婕／责任校对：陶丽荣
责任印制：吕春珉／封面设计：曹来

科 学 出 版 社 出版
北京东黄城根北街16号
邮政编码：100717
http://www.sciencep.com

北京中科印刷有限公司 印刷
科学出版社发行　各地新华书店经销

*

2017年7月第 一 版　　开本：787×1092　1/16
2021年8月第三次印刷　　印张：12
字数：280 000

定价：38.00元
（如有印装质量问题，我社负责调换〈中科〉）
销售部电话 010-62136230　编辑部电话 010-62135763-2050

前　言

目前，数控车床已经在机械加工企业中得到了广泛应用，数控车床加工水平的高低、数控车床的拥有量，以及发展使用更加先进的数控车床已经成为衡量工业现代化程度的重要标志。为此，大力发展培养高素质的数控车床编程和操作人员便成了当务之急，也是人才市场的迫切需要。

本书以《数控车工国家职业标准》中应知应会要求和相应工种职业岗位群的需求为依据，贯彻"以全面素质为基础，以职业能力为本位"的原则，并结合对数控车床从业人员的普遍要求，融入编者多年的教学及实训经验编写而成。本书从"7S"文明素养和机床基本操作入手，通过理论与实训相结合，使学生一边学数控车床编程知识，一边进行实践操作，体现了实用性和针对性。在具备一定的编程基础和操作能力后，选择对典型产品进行加工，并且注重零件的加工工艺分析，以提高学生对所学知识的应用能力和综合能力。

使用本书，建议按照每个项目规定的实训教学学时数、材料、工具、量具及操作工序进行实训教学，并进行严格的考核，使每位受训学生都达到规定的要求。各校也可视具体情况对任务内容进行调整。书中配备大量练习图样，可根据学时分配作为技能强化训练内容。

本书由台州市路桥中等职业技术学校陈春阳、林明担任主编，张建民、沈敬、徐奎奎、贺磊、蒋灵炳参与编写。其中项目一、项目二由林明编写，沈敬、徐奎奎参与编写；项目三至项目七由陈春阳编写，张建民、贺磊、蒋灵炳参与编写；部分插图和练习图样由黄岩第一中等职业技术学校张建民提供；沈敬负责审查。

由于时间仓促，加之编写水平有限，书中不足之处在所难免，殷切期望广大读者批评指正。

编　者

目　录

项目一　数控车床的基本认知和操作 ……………………………………………… 1

  任务一　学习安全操作规程及 7S 管理 ……………………………………… 2

  任务二　认识数控车床操作面板 …………………………………………… 6

  任务三　对刀操作 …………………………………………………………… 27

项目二　基本编程指令介绍 ……………………………………………………… 39

  任务一　使用 G00/G01 指令编程 …………………………………………… 40

  任务二　使用 G02/G03 指令编程 …………………………………………… 48

  任务三　编程综合练习 ……………………………………………………… 56

项目三　单一固定循环车削编程及加工 ………………………………………… 67

项目四　复合车削固定循环编程及加工 ………………………………………… 75

  任务一　使用外径粗车固定循环指令 G71 编程 …………………………… 76

  任务二　使用端面粗车固定循环指令 G72 编程 …………………………… 83

  任务三　使用封闭切削循环指令 G73 编程 ………………………………… 88

  任务四　使用切槽循环指令 G75 编程 ……………………………………… 94

项目五　螺纹轴车削编程及加工 ………………………………………………… 103

  任务一　使用 G92 指令编程 ………………………………………………… 104

  任务二　掉头加工及编程 …………………………………………………… 110

  任务三　螺纹轴加工 ………………………………………………………… 120

项目六　内孔车削加工及编程 …………………………………………………… 137

项目七　内螺纹车削加工及编程 ………………………………………………… 149

附录一　数控车工中级理论题库 ………………………………………………… 160

附录二　数控车工中级技能操作题库 …………………………………………… 175

附录三　G 代码列表 ……………………………………………………………… 183

参考文献 …………………………………………………………………………… 184

项目一　数控车床的基本认知和操作

—————————（实训 17 学时）—————————

知识目标

1. 了解车床组成；
2. 了解常见数控车床操作面板；
3. 掌握安全文明生产和安全操作技术。

能力目标

1. 掌握数控车床操作规程；
2. 熟悉数控车床面板：操作面板和控制面板；
3. 熟悉数控车床开机、关机、回零操作方法、主轴启动方法；
4. 掌握数控车床试切对刀方法。

任务一 学习安全操作规程及 7S 管理

任务目的

1. 掌握安全文明生产和安全操作技术；
2. 掌握数控车床操作规程。

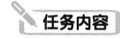

任务内容

了解数控车床的安全操作技术和机床操作规程。

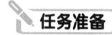

任务准备

一、机械实训课的"五规范"

1. 服装穿着要规范

穿工作服、扎紧袖口，女生长发要盘入工作帽，不准戴手套，必要时戴好防护镜，不准穿拖鞋、凉鞋、高跟鞋，不准穿短裤、裙子等进入实训工厂。

2. 用具摆放要规范

工具、量具、刀具等实训用具要分类整理，合理、统一、整齐地摆放，在指定的安全位置放稳、放好，以防其坠落伤人或引起机床事故。

3. 现场操作要规范

操作时，站位要正确，身体及服装的任何部位不能离机床、工件太近，保持安全距离，以防伤及自身与他人。禁止用手触摸刀具、切屑、工件等，当心伤手。多人共同操作时，要有总指挥，注意相互协调一致。

4. 设备使用要规范

对机床功能熟悉后方可实训，并检查设备及其防护设施有无安全隐患，有问题及时报告。严格按各工种设备的安全操作规程，集中精力、规范操作。设备出现意外故障或异常现象，应立即切断电源，保护现场，及时报告指导老师。

5．清洁整理要规范

实训结束后，关掉电源，拆卸刀具和工件，整理工具。从高到低、从脏到净、彻底清扫、不留死角，设备上油，切屑分类存放。关闭门窗，并经指导老师同意后方可离开。

二、机械实训课的"五严禁"

1．严禁离岗、串岗

遵守实训作息时间，不迟到、不早退、不旷课，有事先请假，严禁擅自离岗。在指定的岗位、指定的设备上，使用指定的设备、工具和材料进行实训，严禁串岗。

2．严禁嬉戏打闹

不得携带与实训无关的物品进入工厂。实训期间不随意走动，严格走绿区，无关人员不得过黄线，严禁在实训工厂中追逐、打闹、拉扯、你推我挤。

3．严禁违规操作

严禁未停车就接触机床运动部件，或进行测量、装夹及用棉布擦拭等，更不能用手制动。安装工件、刀具时，要放正、夹紧；安装完毕后，及时取出装夹扳手等。当心机械伤人，也当心触电。

4．严禁损坏设备

严禁擅自拆卸、敲击实训设备，或修改机床软件系统、参数及数据等。严禁操作完毕后，将工具、量具、刀具等随意摆放、叠压、混放，或遗留在设备上。

5．严禁自作主张

严禁在一知半解的情况下，擅自开动机床。未经指导老师同意，严禁擅自合闸或打开各类电气箱，严禁擅自使用液压或气压设备，严禁用高压空气射人。

其他未提及的安全事项，务必听从实训指导老师安排！

任务实施

抄写机械实训安全承诺责任书（即机械实训课的"五规范"和"五严禁"内容）并签名。

知识拓展

一、7S 的含义

1）整理（Seiri）——将学习、生活、实训场所的所有物品区分为"有必要的"和"没有必要的",留下必要的,清除不必要的。

目的:腾出空间,活用空间,防止误用,塑造清爽的学习场所。

2)整顿(Seiton)——把留下来的必要物品依规定位置摆放整齐,并加以标示。

目的:学习场所一目了然、整整齐齐,缩短寻找物品的时间。

3)清扫(Seiso)——将学习、生活、实训场所内看得见与看不见的地方清洁干净,保持学习场所干净、亮丽的环境。

目的:稳定品质,减少环境损害。

4)清洁(Seiketsu)——随时关注自己在学习、生活、实训场所的行为,自我约束。

目的:维持上面3S成果。

5)素养(Shitsuke)——养成良好的习惯,并遵守规范做事,培养积极主动的精神。

目的:培养有好习惯、遵守规范的素质,营造团队精神。

6)安全(Security)——重视全员安全教育,时刻树立"安全第一"的观念,防范于未然。

目的:建立安全的学习和生活的环境,保证学生健康成长。

7)节约(Saving)——合理利用时间、空间、能源等,发挥最大的效能,创造一个高级的物尽其用的场所。

目的:创造一个高级的物尽其用的工作场所。

二、实训 7S 管理要求

1)各实训班级必须经实训指导师(或班主任)组织实训 7S 及实训安全学习后,方能开始实训。

2)各实训班级期初就必须成立 2~3 人组成的实训管理小组(督促学生的考勤纪律、设备整顿、卫生清洁等方面),在教师的指导下开展实训 7S 管理。

3)实训学务必提前 5min 以上到实训大楼门口排成两列队伍(下雨天直接到对应实训室外面的走廊排队),如图 1-1 所示,经实训管理小组检查合格、实训指导老师同意后,再排队有序地进入实训场所。

图 1-1　实训学生排成两列队伍

① 机械类学生着装讲究安全，穿工作服；其他专业学生穿校服或专业服装。

② 严禁带入零食、饮料及其他任何与学习无关的物品，违者收缴。

③ 检查并上报缺勤名单，再由指导老师强调安全事项、布置任务。

④ 下雨天将雨伞放到对应实训室的外面走廊，不得将雨伞带入实训室。

4）管理小组必须在学期初编排好全班的实训岗位表（多个实训室全都要编排），学生不要随便进入其他实训室，务必在指定的岗位上实训，不得擅自换位。

5）到指定岗位后，务必先仔细检查上一岗学生的设备使用情况，发现有缺损或不正常现象，及时报告给管理小组并做记录（并请实训指导老师核实），否则后续赔偿责任自负。擅自搬移设备者，承担全部赔偿责任。

6）每个实训学生必须遵守 7S 规范、认真训练，提升自身的专业技能和职业素养，绝不允许上课时间在外逗留，实训管理小组应该多多督促。

7）实训课结束后，学生整顿设备并清洁各自岗位。上、下午实训最后一班的管理小组安排并监督值日生在 10min 内打扫完卫生，经实训指导老师同意后方可离开。（各实训室周五下午最后一节的实训班负责拖地一次。）

不按 7S 要求实训的班级，将责令停止实训、安排 7S 手册的学习，提高认识后方可继续实训。违规学生必须自学 7S 手册，检测合格后方实训；个别情节严重的，由德育处进行黄卡扣分、赔款罚款，甚至校纪处分。

三、卫生用具摆放要求

1）卫生用具务必摆放在实训区指定的黄线标记区或挂到对应高度的钉上。

2）卫生用具要分类、按大小整齐地摆放，并要求及时清理，保持清洁。

机械专业实训 7S 管理如表 1-1 所示。

表 1-1　机械专业实训 7S 管理

实训区	实训区图示	清理及摆放要求	正确或错误摆放图示
1. 钳工实训室		（1）清理工作台面与地面的铁屑，并打扫各自的实训工位。 （2）锉刀按规格有序摆放在台虎钳右侧。 （3）量具合理地摆放在工位右上角	正确：锉刀按规格有序摆放在台虎钳右侧

续表

实训区	实训区图示	清理及摆放要求	正确或错误摆放图示
2. 普车实训区		(1) 清理机床床头箱、导轨、底盆等各处的切屑。 (2) 工量具合理摆放到工具箱。 (3) 小工件放入工具箱，长工件整齐、有序地摆放在底盆。 (4) 打扫、清理各自工位的切屑、油污及其他垃圾。 (5) 将工作踏板按黄线摆放整齐。 (6) 将数控设备的机床门关闭。 (7) 关闭电源。 其他事项按实训指导老师的要求去做	错误：工位踏板没按线摆放
3. 数控车床实训区			错误：加工区乱，有安全隐患
4. 加工中心实训区			错误：课桌不能当作工量箱，工量具摆放混乱

任务二　认识数控车床操作面板

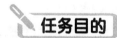

任务目的

1. 熟悉数控车床操作面板；
2. 初步掌握数控车床的使用方法。

任务内容

1. 了解常见数控车床的操作面板；
2. 操作车床进行简单的试切加工。

任务准备

一、操作准备

1．开车床

（1）KND 系统开机操作

1）打开总电源。

2）打开车床电源。

3）打开伺服电源。

4）抬起"急停"按钮 。

5）按"位置"键 。

（2）FANUC 系统开机操作

1）打开总电源。

2）打开车床电源。

3）按伺服电源"NC 启动"键。

4）抬起"急停"按钮 。

5）按 POS（位置）键 。

2．回参考点操作

1）开机后，按"手动方式"键，按 Z 负键负向移动车床，按 X 负键负向移动车床；或按"手轮方式"键，选择 Z 轴负方向移动车床，选择 X 轴负方向移动车床，远离车床零点。

2）按"回零"键，X 轴和 Z 轴向正方向移动。

3）按"位置"键，观察车床坐标是否回到零点或零点灯亮。

3．主轴启动操作

1）按"MDI 方式"键。

2）按"程序"键，选择出 O0000% 画面。

3）单击输入"M03 S600;"。

4）按"循环启动"键。

5）按"手动方式"键。

6）按"主轴停止"键。

二、FANUC 0i-TB 数控系统操作面板介绍及车床的基本操作方法

1．FANUC 0i-TB 数控系统操作面板介绍

FANUC 0i-TB 数控系统操作面板如图 1-2 所示，可分为以下几个部分：CRT 显示器、

MDI 键盘、功能软键。

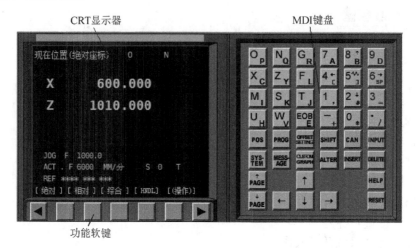

图 1-2 FANUC 0i-TB 数控系统操作面板

（1）CRT 显示器

CRT 显示器如图 1-3 所示。

（2）MDI 键盘

MDI 键盘如图 1-4 所示。MDI 键盘说明如表 1-2 所示。

图 1-3 CRT 显示器

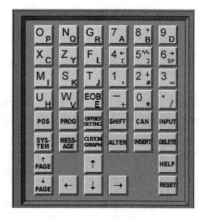

图 1-4 MDI 键盘

表 1-2 MDI 键盘说明

序号	名称	功能说明
1	复位键 RESET	按此键可以使 CNC 复位或者取消报警等
2	帮助键 HELP	当对 MDI 键的操作不明白时，按此键可以获得帮助
3	软键	根据不同的画面，软键有不同的功能。软键功能显示在屏幕的底端

序号	名称	功能说明
4	地址和数字键 O_P	按此键可以输入字母、数字或者其他字符
5	切换键 SHIFT	键盘上的某些键具有两个功能。按下 SHIFT 键可以在这两个功能之间进行切换
6	输入键 INPUT	当按下一个字母键或者数字键时，再按该键数据被输入缓冲区，并且显示在屏幕上。要将输入缓冲区的数据复制到偏置寄存器中等，可按下该键。这个键与软键中的 [INPUT] 键是等效的
7	取消键 CAN	取消键用于删除最后一个进入输入缓存区的字符或符号
8	程序功能键 ALTER INSERT DELETE	ALTER：替换键。 INSERT：插入键。 DELETE：删除键
9	功能键 POS PROG OFFSET SETTING SYS-TEM MESS-AGE CUSTOM GRAPH	按下这些键，切换不同功能的显示屏幕
10	光标移动键 ↑ ← ↓ →	有四种不同的光标移动键。 →：该键用于将光标向右或者向前移动。 ←：该键用于将光标向左或者往回移动。 ↓：该键用于将光标向下或者向前移动。 ↑：该键用于将光标向上或者往回移动
11	翻页键 ↑ PAGE ↓ PAGE	有两个翻页键。 ↑ PAGE：该键用于将屏幕显示的页面往前翻页。 ↓ PAGE：该键用于将屏幕显示的页面往后翻页

（3）功能软键

功能键用来选择将要显示的屏幕画面。按下功能键之后再按下与屏幕文字相对的软键，就可以选择与所选功能相关的屏幕。

1）功能键。

POS：按下该键，显示位置屏幕。

PROG：按下该键，显示程序屏幕。

OFFSET SETTING：按下该键，显示偏置/设置屏幕。

SYS-TEM：按下该键，显示系统屏幕。

MESS-AGE：按下该键，显示信息屏幕。

CUSTOM GRAPH：按下该键，显示用户宏屏幕。

2）软键。要显示一个更详细的屏幕，可以在按下功能键后按软键。最左侧带有向左箭头的软键为菜单返回键，最右侧带有向右箭头的软键为菜单继续键。

3）输入缓冲区。当按下一个地址或数字键时，与该键相应的字符就立即被送入输入缓冲区。输入缓冲区的内容显示在 CRT 屏幕的底部。

为了表明这是键盘输入的数据，在该字符前面会立即显示一个符号"＞"；在输入数据的末尾显示一个符号"＿"，表明下一个输入字符的位置，如图 1-5 所示。

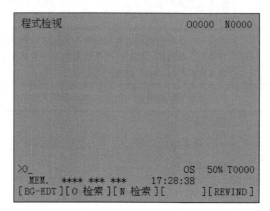

图 1-5　符号"＞"和"＿"

要输入同一个键上右下方的字符，应先按下 SHIFT 键，然后按下需要输入的键即可。例如，要输入字母 P，首先按下 SHIFT 键，这时 SHIFT 键变为红色 SHIFT ，然后按下 Oₚ 键，缓冲区内就可显示字母 P，再按一下 SHIFT 键，SHIFT 键恢复成原来的颜色，表明此时不能输入右下方的字符。

按下 CAN 键可取消最后输入缓冲区的字符或者符号。

2．车床操作面板

图 1-6 所示为车床操作面板，表 1-3 所示为车床操作面板说明。

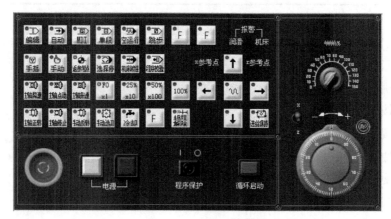

图 1-6　车床操作面板

表 1-3　车床操作面板说明

名称	功能说明
方式选择键	用来选择系统的运行方式。 [编辑]：按下该键，进入编辑运行方式。 [自动]：按下该键，进入自动运行方式。 [MDI]：按下该键，进入 MDI 运行方式。 [手摇]：按下该键，进入手轮运行方式。 [手动]：按下该键，进入 JOG 运行方式。 [回参考点]：按下该键，返回机床参考点（即机床回零）
操作选择键	用来开启单段、回零操作。 [单段]：按下该键，进入单段运行方式。 [空运行]：按下该键，进入空运行方式。 [跳步]：按下该键，跳步方式打开。 [选择停]：按下该键，选择停方式打开
主轴旋转键	用来开启和关闭主轴转动。 [主轴正转]：按下该键，主轴正转。 [主轴停止]：按下该键，主轴停转。 [主轴反转]：按下该键，主轴反转
循环启动 / 停止键	用来启动和停止程序运行，在自动加工运行和 MDI 运行时都会用到这两个键
主轴倍率键	在自动或 MDI 方式下，当 S 代码的主轴速度偏高或偏低时，可用来修调程序中编制的主轴速度。 按[主轴倍率]键（指示灯亮），主轴转，松开主轴停转；按一下[主轴升速]键，主轴修调倍率递增 5%；按一下[主轴降速]键，主轴修调倍率递减 5%
超程解除	用来解除超程警报
进给轴和方向选择键	用来选择机床欲移动的轴和方向。 其中的[∿]键为快进键。当按下该键后，灯亮，表明快进功能开启。再按一下该键，该键的颜色恢复成白色，表明快进功能关闭
手动进给倍率刻度盘	用来调节手动（JOG）进给的倍率。倍率值为 0～150%，每格为 10%。 左右旋转，旋钮尖部对准的位置有相应的倍率
系统启动 / 停止键	用来开启和关闭数控系统。在通电开机和关机的时候用到

续表

名称	功能说明
"急停"按钮 	用于锁住机床。按下"急停"按钮时，机床立即停止运动。 "急停"按钮抬起后，该按钮下方有阴影，见下图（a）；急停按钮按下时，该键下方没有阴影，见下图（b）  （a）　　（b）
手轮进给倍率键 	用于选择手轮移动倍率。按下所选的倍率键后，该键左上方的红灯亮。 为手轮倍率0.001，　为手轮倍率0.010，　为手轮倍率0.100，为手轮倍率100%
手轮 	手轮模式下用来使机床移动。 手轮逆时针旋转，机床向负方向移动；右击手轮旋钮，手轮顺时针旋转，机床向正方向移动。 单击一下手轮旋钮即松手，则手轮旋转刻度盘上的一格，机床根据所选择的移动倍率移动一个挡位。如果按下鼠标后不松开，则3s后手轮开始连续旋转，同时机床根据所选择的移动倍率进行连续移动，松开鼠标后，机床停止移动
手轮进给轴选择开关 	手轮模式下用来选择机床要移动的轴。 开关扳手向上指向X，表明选择的是X轴；开关扳手向下指向Z，表明选择的是Z轴
机床锁住/程序校验 	机床锁住和程序校验是校验刀具路径，并不实际走刀，使用机床锁住后机床要回零
冷却液指示灯 	灯亮冷却液开
进给保持 	在自动加工模式下，按下该键，机床进给暂时停止，其他运动保持，按"循环启动"键加工继续

三、KND100T数控系统操作面板介绍及车床的基本操作方法

1. KND100T数控系统操作面板介绍

KND100T数控系统操作面板如图1-7所示，用操作键盘结合显示屏可以进行数控系统操作。

（1）数字键和字母键

数字键和字母键分别如图1-8和图1-9所示。

数字键和字母键用于输入数据到输入区域（图1-10），系统自动判别取字母还是取数字。

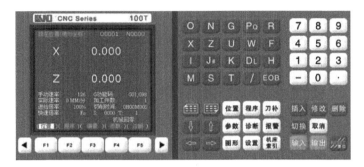

图 1-7 KND100T 数控系统操作面板

图 1-8 数字键

图 1-9 字母键

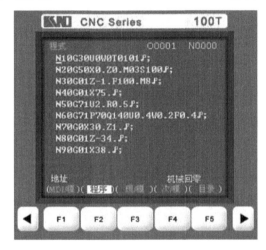

图 1-10 显示面板

（2）编辑键

插入：用于程序的插入的编辑操作。

修改：用于程序的修改的编辑操作。

删除：用于程序的删除的编辑操作。

切换：用于各坐标系的切换操作。

取消：用于取消程序的修改的编辑操作。

输入：用于程序的传进的编辑操作。

输出：用于程序的传出的编辑操作。

解除报警，CNC 复位。

（3）页面切换键

⬚位置⬚：显示当前绝对坐标值、相对坐标值和综合坐标值。

⬚程序⬚：显示当前加工程序和程序列表。

⬚刀补⬚：用于设定刀具磨耗补正和刀具形状补正。

⬚参数⬚：用于设定参数。

⬚诊断⬚：显示各种诊断数据。

⬚报警⬚：显示错误及解除报警。

⬚图形⬚：显示图形参数。

⬚设置⬚：显示机床上所有参数。

⬚机床索引⬚：显示各种操作、编程信息。

（4）翻页（PAGE）键

⬚：使 LCD 画面的页逆方向更换。

⬚：使 LCD 画面的页顺方向更换。

（5）光标（CURSOR）移动键

⬚↑⬚：使光标向上移动一个区分单位。

⬚↓⬚：使光标向下移动一个区分单位。

⬚←⬚：使光标向左移动一个区分单位。

⬚→⬚：使光标向右移动一个区分单位。

2．KND100T 车床操作面板介绍

KND100T 车床操作面板位于窗口的右下侧，如图 1-11 所示，主要用于控制车床的运动和选择车床的运行状态，由模式选择键、数控程序运行控制键等多个部分组成，每部分的详细说明如下。

（1）模式选择键

⬚EDIT：用于直接通过操作面板输入数控程序和编辑程序。

⬚AUTO：进入自动加工模式。

⬚MDI：手动数据输入。

⬚REF：回参考点。

⬚JOG：手动方式，手动连续移动台面或者刀具。

⬚HNDL：手摇脉冲方式。

置鼠标指针于按键上，单击选择模式。

（2）数控程序运行控制键

⬚：单步运行。

⬚：空运转。

⬚X⬚：手轮 X 轴选择。

⬚Z⬚：手轮 Z 轴选择。

⬚：单程序段。

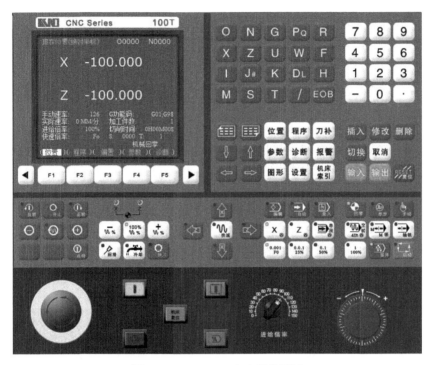

图 1-11 KND100T 车床操作面板

（3）机床主轴手动控制键

: 手动开机床，主轴反转。

: 手动开机床，主轴正转。

: 手动关机床主轴。

（4）辅助功能按键

: "冷却" 键。

: "润滑" 键。

: "换刀" 键。

（5）手动移动机床台面按键

图 1-12 所示为手动移动机床台面按键，其中，、为正方向移动轴键，、为负方向移动轴键，为快速进给键。

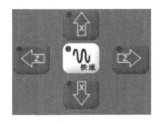

图 1-12 手动移动机床台面按键

（6）手轮进给量控制键

![](）：选择手动移动台面时每一步的距离（0.001mm、0.01mm、0.1mm、1mm）。置鼠标指针于按键上，单击选择。

（7）快速进给键

![](）：快速进给升降速／手动速度升降速。

（8）程序运行控制键

![]、![]：循环启动、进给保持。

![]、![]：循环暂停、循环停止。

（9）系统控制键

![]：NC 启动。

![]：NC 停止。

（10）"急停"按钮、手轮旋钮

图 1-13 所示为"急停"按钮，当机床发生紧急情况时，能及时让机床停止。

图 1-14 所示为手轮旋钮，用于手动控制机床运动。

图 1-13 "急停"按钮

图 1-14 手轮旋钮

3．手动操作数控车床

（1）手动返回参考点

在手动回零方式![]下，按移动轴键![]、![]，直到 X、Z 轴坐标显示为"0.000"，即完成坐标回零，此时方可松开。

注意：

1．返回参考点结束时，返回参考点结束指示灯亮。

2．返回参考点结束指示灯亮时，可在下列情况下灭灯。

1）从参考点移出时。

2）按下"急停"按钮时。

3．参考点方向主要参照机床厂家的说明书。

（2）手动连续进给

1）按下手动方式键![]，选择手动操作方式，键上指示灯亮。

2）按移动轴键![]、![]，机床沿着选择轴方向移动。

注意： 手动期间只能一个轴运动，如果同时选择两轴的开关，也只能是先选择的那个轴运动。如果选择 2 轴机能，可手动 2 轴开关同时移动。

3）调节 JOG 进给速度。

4）快速进给键 ⎡⎤⎡100%⎤⎡+⎤。

按下快速进给键时，同带自锁的按钮，进行"开→关→开……"切换，当为"开"时，位于面板上部的指示灯亮，关时指示灯灭。选择为"开"时，手动以快速速度进给。按此开关为 ON 时，刀具在已选择的轴方向上快速进给。

注意：

1. 快速进给时的速度、时间常数、加减速方式与用程序指令快速进给（G00 定位）时相同。

2. 在接通电源或解除"急停"后，如没有返回参考点，当快速进给开关为 ON（开）时，手动进给速度为 JOG 进给速度或快速进给，由参数（№ 012 LSO）选择。

3. 在编辑/手轮方式下，按键无效，指示灯灭。其他方式下可选择快速进给，转换方式时取消快速进给。

（3）手轮进给

转动手摇脉冲发生器，可以使车床微量进给。

1）按下"单步"键 ⎡W⎤。

2）转动手轮。

3）选择移动量：按下增量键 ⎡0.001⎤⎡0.1⎤⎡0.1⎤⎡1⎤，选择移动增量。

注意：

1. 手摇脉冲发生器的速度要低于 5r/s。如果超过此速度，即使手摇脉冲发生器回转结束了，但因其不能立即停止，会出现刻度和移动量不符。

2. 在手轮方式下，按键有效。

（4）手动辅助机床操作

1）手动换刀。手动方式下按下"换刀"键 ⎡⎤，刀架旋转换下一把刀（参照机床厂家说明书）。

2）冷却液开关。手动方式下按下"冷却"键 ⎡⎤，同带自锁的按钮，进行"开→关→开…"切换。

3）主轴正转。手动方式下按下"正转"键 ⎡⎤，主轴正向转动启动。

4）主轴反转。手动方式下按下"反转"键 ⎡⎤，主轴反向转动启动。

5）主轴停止。手动方式下按下"停止"键 ⎡⎤，主轴停止转动。

6）润滑控制。手动方式下按下"润滑"键 ⎡⎤，同带自锁的按钮，进行"开→关→开……"切换。

注意： 当需要冷却液输出时，按下"冷却"键，输出冷却液。当有冷却液输出时，按下冷却键，关闭冷却液。主轴正／反转时，按下反／正转键时，主轴也停止，但显示会出现报警 06：M03、M04 码指定错。在换刀过程中，换刀键无效，按复位（RESET）键或"急停"按钮可关闭刀架正／反转输出，并停止换刀过程。

在手动方式启动后，改变方式时，输出保持不变，但可通过自动方式执行相应的 M 代码关闭对应的输出。

同样，在自动方式执行相应的 M 代码输出后，也可在手动方式下按相应的键关闭相应的输出。

在主轴正／反转时，未执行 M05 而直接执行 M04/M03 时，M04/M03 无效，主轴继续主轴正／反转，但显示会出现报警 06：M03，M04 码指定错。

按"复位"键时，对 M08、M32、M03、M04 指令是否有影响取决于参数（P009 RSJG）。

按"急停"按钮时，关闭主轴、冷却、润滑、换刀输出。

（5）运转方式

1）存储器运转。

① 把程序存入存储器中。

② 选择要运行的程序。

③ 选择自动方式。

④ 按"循环启动"键。

2） 、 ："循环暂停"键、"循环启动"键。

① 按"循环启动"键后，开始执行程序。

② 按"程序"键。

③ 按"翻页"键后，选择在左上方显示有程序段值的画面，如图 1-15 所示。

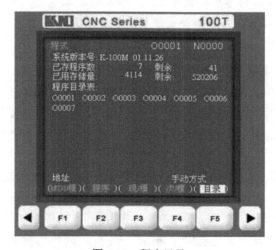

图 1-15　程序目录

④ 输入 O0003。

⑤按光标键 ↓、↑ 搜索想用的程序。

⑥按"循环启动"键。

（6）自动运转的停止

使自动运转停止的方法有两种：一是采用程序，事先在要停止的地方输入停止命令；二是按操作面板上的按键使其停止。

1）程序停止（M00）。含有 M00 的程序段执行后，停止自动运转，与单程序段停止相同，模态信息全部被保存起来。用 CNC 启动，能再次开始自动运转。

2）程序结束（M30）。

①表示主程序结束。

②停止自动运转，变成复位状态。

③返回程序的起点。

3）进给保持。在自动运转中，按操作面板上的"进给保持"键可以使自动运转暂时停止。

按"进给保持"键后，机床呈下列状态。

①机床在移动时，进给减速停止。

②在执行暂停中，程序暂停。

③执行 M、S、T 的动作后，停止。

按"循环启动"键后，程序继续执行。

4）复位。用 LCD/MDI 上的 RESET 键 ，使自动运转结束，变成复位状态。如果在运动中进行复位，则机械减速停止。

（7）进给倍率

用进给倍率旋钮可以改变由程序指定的进给速度倍率。

进给倍率旋钮如图 1-16 所示，具有 0 ～ 150% 的倍率。

图 1-16　进给倍率旋钮

注意：进给倍率旋钮与手动连续进给速度开关通用。

（8）快速进给倍率

快速进给倍率选择键 。

快速倍率有 F0、25%、50%、100% 四挡，可对下面的快速进给指令或操作的速度进行 100%、50%、25% 的倍率或者为 F0 的值倍率的变化。

1）G00 快速进给。

2）固定循环中的快速进给。

3）G28 时的快速进给。

4）手动快速进给。

5）手动返回参考点的快速进给。

当快速进给速度为 10m/min 时，如果倍率为 50%，则速度为 5m/min。

注意：在自动/录入/手动方式下，按下键时，灯亮；松开键时，灯灭。

（9）空运转

当空运转键 [图] 为 ON 时，不管程序中如何指定进给速度，刀具以表 1-4 中的速度运动。

表 1-4　空运转键为 ON 时的速度

按键状态	程序指令	
	快速进给	切削进给
手动快速进给键 ON（开）	快速进给	JOG 进给最高速度
手动快速进给键 OFF（关）	JOG 进给速度或快速进给	JOG 进给速度

注：用参数设定（RDRN，№ 004）也可以快速进给。

（10）进给保持后或者停止后的再启动

在"进给保持"键为 ON 状态时（自动方式或者录入方式），按"循环启动"键，自动循环开始继续运转。

（11）单程序段

当单程序段键 [图] 为 ON 状态，单程序段灯亮，执行程序的一个程序段后停止。如果再按"循环启动"键，则执行完下个程序段后停止。

注意：

1. 在 G28 中，即使是中间点，也进行单程序段停止。

2. 在单程序段键为 ON 状态时，执行固定循环 G90、G92、G94、G70 ～ G75 时，如下述情况：遇到快速时执行完成，回到循环起点，停止执行下一段；进给时执行到循环起点，暂时停止执行下一段。

3. M98 P ___ ; M99；及 G65 的程序段不能单程序段停止，但 M98、M99 程序段中，除 N、O、P 以外还有其他地址时，能让单程序段停止。

4. 安全操作

（1）急停（EMERGENCY STOP）

按下"急停"按钮 [图]，使机床移动立即停止，并且所有的输出，如主轴的转动、冷却液等也全部关闭。"急停"按钮解除后，所有的输出都需重新启动。

一按键，机床就能锁住，解除的方法是旋转后解除。

注意：

1．紧急停时，电动机的电源被切断。

2．在解除急停以前，要消除机床异常的因素。

（2）超程

如果刀具进入了由参数规定的禁止区域（存储行程极限），则显示超程报警，刀具减速后停止。此时用手动，把刀具向安全方向移动，按 RESET 键，解除报警。

5．程序存储、编辑

（1）程序存储、编辑操作前的准备

在介绍程序的存储、编辑操作之前，有必要介绍一下操作前的准备。

1）把程序保护开关置于 ON 上。

2）操作方式设定为"编辑"方式。

3）按"程序"键 程序 后，显示当前程序，按两次下翻页键 ▦ 。

显示程序列表，编辑一个程序名后方可编辑程序。

（2）选择一个数控程序

按"程序"键，显示程序画面。

按"编辑"键后，显示当前程序，按两次下翻页键，在程序列表中输入所要打开的程序名，如"O0002"再按"插入"键，即打开所要的程序。

（3）删除一个数控程序

选择编辑方式，按"程序"键，显示当前程序画面，按两次下翻页键，在程序列表中输入所要删除的程序名，按"删除"键 删除 即可。

（4）顺序号检索

顺序号检索通常是检索程序内的某一顺序号，一般用于从这个顺序号开始执行或者编辑。

由于检索而被跳过的程序段对 CNC 的状态无影响。也就是说，被跳过的程序段中的坐标值、M、S、T 代码、G 代码等对 CNC 的坐标值、模态值不产生影响。因此，进行顺序号检索指令，开始或者再次开始执行的程序段，要设定必要的 M、S、T 代码及坐标系等。进行顺序号检索的程序段一般是在工序的相接处。

如果必须检索工序中某一程序段并以其开始执行时，需要查清此时的机床状态、CNC 状态需要与其对应的 M、S、T 代码和坐标系的设定等，可用录入方式输入进去，执行进行设定。

检索存储器中存入程序号的步骤：

1）把方式选择置于自动或编辑上。

2）按"编辑"键，显示程序画面。

3）选择要检索顺序号的所在程序。

4）按地址键 N。

5）用键输入要检索的顺序号。

6）按光标键 ⬇。

7）检索结束时，在 LCD 画面的右上部，显示出已检索的顺序号。

注意：在顺序号检索中，不执行 M98＋＋＋＋（调用的子程序），因此，在自动方式检索时，如果要检索现在选出程序中所调用的子程序内的某个顺序号，就会出现报警 P/S（№ 060）。

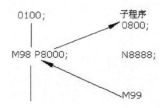

上例中如果要检索 N8888，则会出现报警。

6. 数据的显示、设定

⟨刀补⟩键用于刀具补偿量的设定和显示。

刀具补偿量的设定方法可分为绝对值输入和增量值输入两种。

（1）绝对值输入

1）按"刀补"键⟨刀补⟩。

2）因为显示分为多页，按翻页键，可以选择需要的页，如图 1-17 所示。

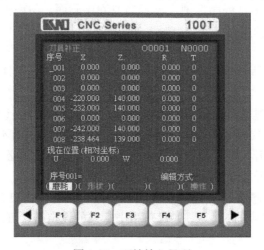

图 1-17　刀补输入界面

3）把光标移到要输入的补偿号的位置。

① 扫描法：按上、下光标键盘顺次移动光标。

② 检索法：用下述按键顺序直接移动光标至键入的位置。

4）地址 X 或 Z 后，用数据键，输入补偿量（可以输入小数点）。

5）按"输入"键后，把补偿量输入，并在 LCD 上显示出来。

（2）增量值输入

1）把光标移到要变更的补偿号的位置（与"绝对值输入"1）～ 3）的操作相同）。

2）如要改变 X 轴的值，输入 U，对于 Z 轴，输入 W。

3）用数据键键入增量值。

4）按"输入"键输入，把现在的补偿量与键入的增量值相加，其结果作为新的补偿量显示出来。

例：已设定的补偿量 5.678，

键盘输入的增量 1.5，

新设定的补偿量 7.178（=5.678+1.5）。

注意：在自动运转中，变更补偿量时，新的补偿量不能立即生效，必须在指定其补偿号的 T 代码被执行后，才开始生效。

任务实施

试使用 FANUC 系统手动车削图 1-18 工件，毛坯直径 50mm。

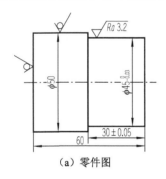
（a）零件图

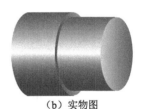
（b）实物图

图 1-18　手动切削实例

分析零件图可知，需要手动车削右端面控制总长 和右端外圆，由于去除余量不是太大，选用一把 90°右偏刀即可。由于是手动车削，切削用量选择不宜太大，背吃刀量根据试车尺寸确定，主轴转速选 600 r/min，操作步骤如下：

1）开机回零。

2）装夹刀具毛坯。

3）启动主轴。在 MDI 方式下，按功能键 PROG，输入"M03 S500"程序段，按"循环启动"键，主轴正转，转速为 500 r/min。

4）车削端面，保证长度 60 mm。利用手轮沿 X 轴负方向试切工件端面，适量去除部分端面余量后,Z 轴方向不移动,仅沿 X 轴正方向返回。停止主轴后,测量工件总长 L,计算出还需要切除的余量(L-60)。此时,数控系统位置[POS]界面显示当前的 Z 值为 L_1,沿 Z 轴负方向移动刀具,使 Z 值变为"$L_2=L_1-(L-60)$"。再启动主轴,沿 X 轴负方向切削工件右端面,完成端面车削。

5)车削外圆,保证外圆 $\phi45$ mm 及长度 30 mm。利用手轮沿 Z 轴负方向试切工件外圆,适量去除部分余量后,X 轴方向不移动,仅沿 Z 轴正方向返回工件右端面处。停止主轴后,测量工件外圆 D,计算出还需要切除的余量(D-45)。此时,数控系统位置[POS]界面显示当前的 X 值为 D_1,用手轮沿 X 轴负方向移动刀具,使 X 值变为"$D_2=D_1-(D-45)$"。再启动主轴,沿 Z 轴负方向移动刀具至 Z 值为(L_2-30)处,再沿 X 轴正方向退刀,完成外圆的手动车削。

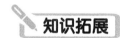

一、数控车床的概念

数控车床又称 CNC(Computer Numerical Control)车床,即用计算机数字控制的车床。数控车床主要用于旋转体工件的加工,一般能自动完成内外圆柱面、内外圆锥面、复杂回转内外曲面、圆柱圆锥螺纹等轮廓的切削加工,并能进行车槽、钻孔、车孔、扩孔、铰孔、攻螺纹等加工。图 1-19 所示为一台普通数控车床,型号为 CK6132A,图中标出了该数控车床的基本组成部分。

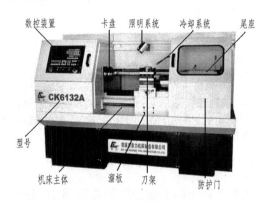

图 1-19   CK6132A 数控车床

二、数控车床的组成及工作过程

1. 数控车床的组成

数控车床一般由输入 / 输出设备、数控装置(或称 CNC)、伺服单元、驱动装置(或称执行机构)及电气控制装置、辅助装置、机床本体、测量反馈装置等组成。除机床本体之外的部分统称为计算机数控（CNC）系统，如图 1-20 所示。

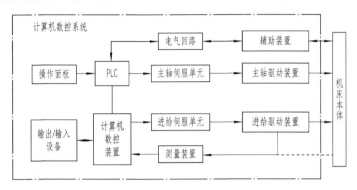

图 1-20　数控车床的组成

（1）输入 / 输出设备

输入 / 输出设备是计算机数控系统与外部设备进行信息交互的装置。

（2）数控装置

数控装置是数控车床的核心，由硬件和软件两部分组成。它接收输入装置输入的加工信息，将其加以识别、存储、运算，并输出相应的控制，使机床按规定的要求动作。

（3）主轴伺服驱动系统

主轴伺服驱动系统是数控系统的执行部分，它包括主轴驱动单元和主轴电动机。目前数控车床主轴伺服驱动系统有机械调速（普通电动机）、变频调速、数字伺服调速等几种形式。

（4）进给伺服驱动系统

进给伺服驱动系统是数控系统的执行部分，它包括进给伺服驱动单元和伺服电动机。它将数控装置发来的各种动作指令，经过信号放大后，驱动伺服电动机实现机床移动部件的进给运动。

（5）PLC 装置

可编程控制器简称 PLC。数控机床通过数控装置和 PLC 装置的共同作用来完成控制功能，PLC 装置主要完成与逻辑运算有关的一些动作。

（6）位置检测系统

位置检测系统的作用是将机床的实际位置、速度等参数检测出来，转变成电信号，反馈到数控装置，通过比较、检查实际位置与指令位置是否一致，并由数控装置发出指令，修正所产生的误差。

（7）机床本体

数控车床本体由基础件和配套件组成。基础件有床身、溜板、导轨、主轴等部件；配套件主要有刀架、丝杠、照明系统、冷却润滑系统等。

2．数控车床的工作过程

数控车床加工零件时，需根据零件图样及加工工艺的要求，将所用刀具、刀具运动轨迹与速度、主轴转速与旋转方向、冷却等辅助操作及相互间的先后顺序，以规定的数控代码形式编制成程序，并输入到数控装置中，在数控装置内部控制软件支持下，经过处理、计算后，向各坐标的伺服系统及辅助装置发出指令，驱动各运动部件及辅助装置进行有序的动作与操作，实现刀具与工件的相对运动，从而加工出所要求的零件，如图 1-21 所示。

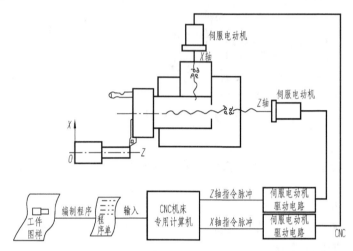

图 1-21　数控车床的工作过程

三、数控车床的分类

1）按主轴位置分类，数控车床可分为两类，即立式数控车床（图 1-22）和卧式数控车床（图 1-23）。

2）按控制方式分类，数控车床可分为三类，即开环控制数控车床、闭环控制数控车床和半闭环控制数控车床。

3）按数控系统的功能分类，数控车床可分为三类，即经济型数控车床、全功能型数控车床和车削中心。

图 1-22　立式数控车床

图 1-23　卧式数控车床

四、数控车床的特点

数控车床的特点如下：

1）适应性强，适合加工多品种、小批量复杂工件。

2）加工精度高，产品质量稳定。

3）生产效率高。

4）自动化程度高，劳动强度低。

任务三　对刀操作

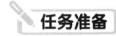 **任务目的**

1．熟练和巩固数控车床面板，输入面板和控制面板；

2．熟悉数控车床开机关机回零，主轴启动；

3．掌握数控车床试切对刀方法。

任务内容

1．试切法对刀操作；

2．能查找刀具补偿，分清刀具形状，磨耗；

3．完成工件对刀操作。

任务准备

一、对刀概念及对刀点的设置

对刀指在执行加工程序前，需调整每把刀的刀位点，使其尽量与某一理想基准点重合，这一过程称为对刀。对刀操作的目的是通过对刀操作建立工件坐标系，同时将刀具补偿值预置到系统中。

1．对刀点

对刀点（又称起刀点）是指在数控车床上加工零件时，刀具相对零件做切削运动的起始点。对刀点位置的选择原则如下：

1）尽量使加工程序的编制工作简单、方便。

2）便于用常规量具和测量仪在机床上进行找正。

3）该点的对刀误差应较小或可能引起的加工误差为最小。

4）尽量使加工程序中的引入（或返回）路线短，并便于换（转）刀。

5）应选择在与机床约定机械间隙状态（消除或保持最大间隙方向）相适应的位置上，避免在执行其自动补偿时造成"反补偿"。

2．刀位点

刀位点是指在加工程序编制中用以表示刀具特征的点。常用车刀的刀位点如图 1-24 所示。

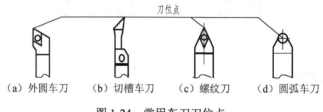

（a）外圆车刀　　（b）切槽车刀　　（c）螺纹刀　　（d）圆弧车刀

图 1-24　常用车刀刀位点

3．换刀点

换刀点是指刀架转位换刀时的位置。换刀点的位置可设定在程序原点、机床固定原点或浮动原点上，其具体的位置应根据工序内容而定。

应特别注意，为了防止在换（转）刀时碰撞到被加工零件或夹具，除特殊情况外，换刀点都应设置在被加工零件的外面，并留有一定的安全区。

二、FANUC 0i 系统对刀操作方法

1．长度方向（Z 方向）对刀

首先试切右端面，在控制面板上按下"单步"键（采用手轮）进行切削，切削量约为 1mm，切削右端面。同时控制好进给速度一般选用手轮增量 0.1 挡进给速度切削。切完后 Z 向不动，手轮 +X 方向转动，使刀具离开工件适当位置停下，在刀补表测量一栏下的 1 号对应框"G 101"下输入数值"Z0"：先按"刀具测量"键，再按"测量"软键输入，如图 1-25 所示。

2．直径方向（X 方向）对刀

按下"手轮方式"键，转动手轮将刀具移动至待切表面处理，使刀尖 Z 轴位于离工件右端面约 2mm 处，X 轴位于工件有 0.5 ～ 2mm 背吃刀量处，X 方向不动，手轮按 -Z 方向转动，切出约 5mm 长度的外圆后，手轮按 +Z 方向转动（反方向转动）退刀，离开工件适当位置停下，切完后 X 向不动，按"主轴停止"键，此时主轴停止转动。用千分尺或游标卡尺测量刚切削部分工件直径，如测得直径为 35.68mm。在刀补

表 1 号刀对应框"序号 G101"下输入数值"X35.68"：先按"刀具测量"键，再按"测量"软键输入，如图 1-26 所示。

图 1-25　Z 轴对刀画面

（若 Z 方向移动，则重新对刀）

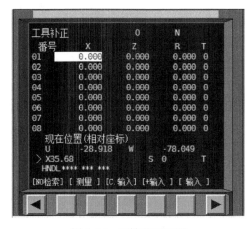

图 1-26　X 轴对刀画面

（若 X 方向移动，则重新对刀）

三、KND100T 系统对刀操作方法

1. 长度方向（Z 方向）对刀

首先试切右端面，在控制面板上按下"单步"键（采用手轮）进行切削，切削量约为 1mm，切削右端面。同时控制好进给速度一般选用手轮增量 0.1 挡进给速度切削。切完后 Z 向不动，手轮 +X 方向转动，使刀具离开工件适当位置停下，在刀补表测量一栏下的 1 号对应框"101"下输入数值"Z0"，按"插入"键，如图 1-27 所示。

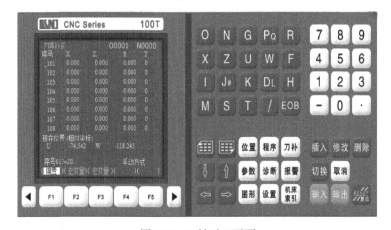

图 1-27　Z 轴对刀画面

（若 Z 方向移动，则重新对刀）

2. 直径方向（X 方向）对刀

按下"单步"键，转动手轮将刀具移动至待切表面处理，使刀尖 Z 轴位于离工件右端面约 2mm 处，X 轴位于工件有 0.5 ～ 2mm 背吃刀量处，X 方向不动，手轮按 −Z 方向转动，切出约 5mm 长度的外圆后，手轮按 +Z 方向转动（反方向转动）退刀，离开工件适当位置停下，切完后 X 向不动，按"主轴停止"键，此时主轴停止转动。用千分尺或游标卡尺测量刚切削部分工件直径，如测得直径为 35.68mm。在刀补表 1 号刀对应框"序号 101"下输入数值"X35.68"，按"插入"键，如图 1-28 所示。

图 1-28　X 轴对刀画面

（若 X 方向移动，则重新对刀）

任务实施

如图 1-29 所示，使用 FANUC 系统在毛坯上完成对刀操作，步骤如下。

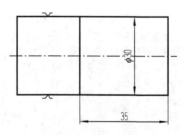

图 1-29　对刀毛坯

步骤 1：加电之前检查各手柄及机床附件是否在正常位置，确定各手柄都在正常位置后打开机床侧面的空气开关。

步骤 2：机床加电。打开机床电源（NC 启动）启动机床，加电之后扭开急停键。

步骤 3：伺服电动机启动。按 NC 准备好键，伺服电动机启动。

步骤 4：回零操作。如刀架已处于零点位置附近，则需要负方向移动 50 ～ 100mm 再回零，在操作面板上按下回零键（灯亮），先按 +X 键，再按 +Z 键，即可完成机床回零操作。

步骤 5：刀具、材料及外圆车刀的装夹。装夹在刀架上的外圆车刀不宜伸出太长，车刀的伸出长度一般不超出刀杆厚度的 2 倍。车刀刀尖应与机床主轴中心线等高。另外，车刀刀杆侧面与刀架平齐，与工件轴线垂直，车刀要用两个刀架螺钉压紧在刀架上，并逐个轮流拧紧。

步骤 6：在主菜单上按下 MDI 键"程序"键在程序编辑栏左下角内手动输入"M43;M3S600;"，插入按下"循环启动"键，此时机床主轴正转，转速 600r/min。

步骤 7：按"刀补"键，切换至测量一栏（如果左上角显示"刀补"需要再次按下"刀补"键）。

步骤 8：长度方向（Z 方向）对刀。首先试切右端面，在控制面板上按下"单步"键（采用手轮）进行切削，切削量约为 1mm，切削右端面。同时控制好进给速度一般选用手轮增量 0.1 挡进给速度切削。切完后 Z 向不动，手轮 +X 方向转动，使刀具离开工件适当位置停下，在刀补表测量一栏下 1 号对应框"G101"下输入数值"Z0"：先按"刀具测量"键，再按"测量"软键输入。

步骤 9：直径方向（X 方向）对刀。按下"手轮方式"键，转动手轮将刀具移动至待切表面处理，使刀尖 Z 轴位于离工件右端面约 2mm 处，X 轴位于工件有 0.5 ～ 2mm 背吃刀量处，X 方向不动，手轮按 –Z 方向转动，切出约 5mm 长度的外圆后，手轮按 +Z 方向转动（反方向转动）退刀，离开工件适当位置停下，切完后 X 向不动，按"主轴停止"键，此时主轴停止转动。用千分尺或游标卡尺测量刚切削部分工件直径，如测得直径为 28.68mm。在刀补表 1 号刀对应框"序号 G101"下输入数值"X26.68"：先按"刀具测量"键，再按"测量"软键输入。

具体操作步骤参考图 1-30 所示对刀操作示意图。

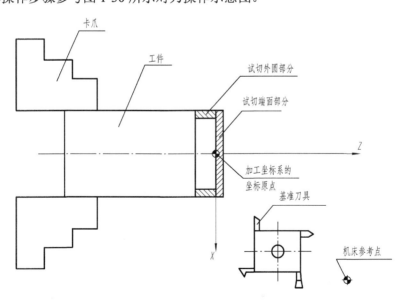

图 1-30 对刀操作示意图

 知识拓展

一、数控车刀的类型与刀片选择

1. 数控车刀的类型

数控车刀的常见类型数控车刀有尖形车刀、圆弧形车刀和成型车刀,如图 1-31 所示。

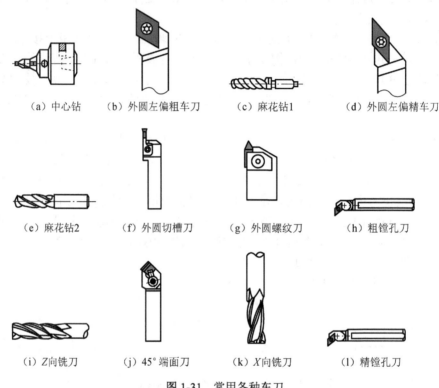

（a）中心钻　　（b）外圆左偏粗车刀　　（c）麻花钻1　　（d）外圆左偏精车刀

（e）麻花钻2　　（f）外圆切槽刀　　（g）外圆螺纹刀　　（h）粗镗孔刀

（i）Z向铣刀　　（j）45°端面刀　　（k）X向铣刀　　（l）精镗孔刀

图 1-31　常用各种车刀

　　1）尖形车刀,切削刃为直线,其刀尖（即刀位点）由直线形的主、刃构成,如90°内、外圆车刀、切槽（断）刀等。

　　用此类车刀加工零件时,其零件的表面成型主要由一个独立的刀尖或一条直线形主切削刃位移后得到,它与另两类车刀加工时的零件表面成型原理是截然不同的。

　　2）圆弧形车刀,它是较为特殊的数控加工用车刀,其主切削刃形状为一圆度误差或轮廓误差很小的圆弧,该圆弧上每一点都是圆弧形车刀的刀尖,因而其刀位点不在其圆弧上,而在该圆的圆心上。车刀圆弧半径根据需要灵活确定或经测定后确认。

　　3）成型车刀,又称样板车刀,被加工零件的轮廓形状完全由车刀刀刃的形状和尺寸决定。数控加工中应尽量少用或不用成型车刀,当确有必要选用时,则应在工艺文件或加工程序单上进行详细说明。

2. 数控车刀刀片的选择

常见可转位车刀刀片如图 1-32 所示。

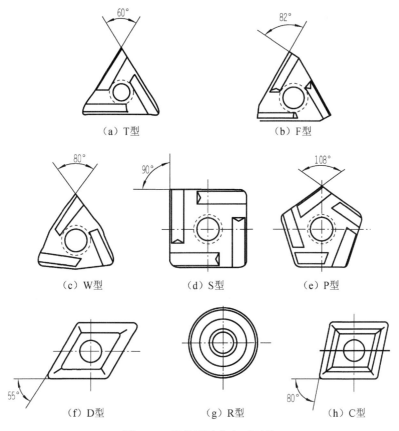

（a）T型　　　　　　　　　　（b）F型

（c）W型　　　　（d）S型　　　　（e）P型

（f）D型　　　　（g）R型　　　　（h）C型

图 1-32　常见可转位车刀刀片

（1）刀片材质的选择

除掉上述高速钢、硬质合金材料外，还有涂层硬质合金、陶瓷、立方氮化硼和金刚石等，其中应用最多的是硬质合金和涂层硬质合金刀片。选择刀片材质主要依据被加工工件的材料、被加工表面的精度、表面质量要求、切削载荷的大小以及切削过程有无冲击和振动等。

（2）刀片尺寸的选择

刀片尺寸的大小取决于必要的有效切削刃长度 L。有效切削刃长度与背吃刀量和车刀的主偏角 κ_r 有关（图 1-33），使用时可查阅有关刀具手册。

（3）刀片形状的选择

刀片形状主要依据被加工工件的表面形状、切削方法、刀具寿命和刀片的转位次数等因素选择。被加工表面形状与适用的刀片可参考国家标准 GB 2076—2007《切削刀具用可转位刀片型号表示规则》。

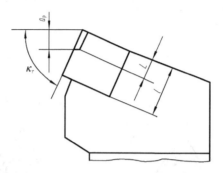

图 1-33　切削刃长度、背吃刀量与主偏角关系

二、数控车刀的选用与安装

1．外圆车削刀具的选用

1）75°车刀：该车刀强度较好，常用于粗车外圆，如图 1-34（a）所示。

2）45°车刀（弯头刀）：该车刀适用于车削不带台阶的光滑轴，如图 1-34（b）所示。

3）90°车刀（偏刀）：该车刀适用于加工细长工件的外圆，如图 1-34（c）所示。

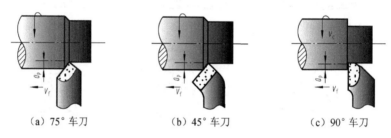

（a）75°车刀　　　　　　（b）45°车刀　　　　　　（c）90°车刀

图 1-34　外圆车削刀的选用

2．端面车削刀具的选用

端面车削刀具的选用如表 1-5 所示。

表 1-5　端面车削刀具的选用

种类	图示	特点	种类	图示	特点
45°车刀		可采用较大背吃刀量，切削顺利，表面光洁，而且大、小端面均可车削	90°左偏刀		从外向工件中心进给，适用于加工尺寸较小的端面或一般的台阶端面
90°左偏刀		从工件中心向外进给，适用于加工工件中心带孔的端面或一般的台阶端面	90°右偏刀		刀头强度较高，适宜车削较大端面，尤其是铸锻件的大端面

3．数控车刀的安装方法

在装夹车刀时需要注意以下事项：

1）车刀装夹在刀架上的伸出部分应尽量短，长度应为刀杆厚度的 1～1.5 倍。

2）车刀下面的垫铁要平整，数量要少（1～2 片），并与刀架对齐。车刀至少要用 2 个螺钉压紧在刀架上，以防振动。

3）车刀刀尖应与主轴中心线等高。如图 1-35 所示，以车削外圆（或横车）为例，当车刀刀尖高于工件轴线时，因其车削平面与基面的位置发生变化，使前角增大，后角减小；反之，前角减小，后角增大。

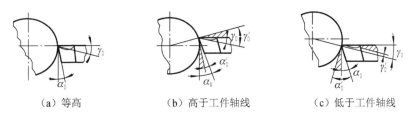

（a）等高　　　　　　　（b）高于工件轴线　　　　　　　（c）低于工件轴线

图 1-35　数控车刀刀尖高低对工件的影响

4）车刀刀杆中心线应与进给方向垂直。

操作练习

完成图 1-36 所示图样的车削编程练习。

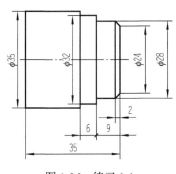

图 1-36　练习 1-1

思考与练习

一、填空题

1．数控车床一般由输入 / 输出设备、_____、伺服单元、驱动装置（或称执行机构）及电气控制装置、辅助装置、机床本体、测量反馈装置等组成。

2. _____是数控车床的核心，由硬件和软件两部分组成的。

3. 按主轴位置分类，数控车床可分为_____车床和_____车床。

4. 数控车床按照对被控制量有无_____可分为开环控制和闭环控制两种。在闭环系统中，根据_____又分为全闭环控制和半闭环控制两种。

5. _____为字符替换键，_____为字符插入键，_____为字符删除键。

6. 按_____键可删除已输入到缓冲器里的最后一个字符或符号。

7. _____键为换行键，用来结束一行程序的输入并且换行。

8. 对于使用增量式反馈元件的数控车床，在断电后，数控系统就失去对参考点的记忆。因此接通数控系统电源后，就必须执行_____操作。

9. 返回参考点时，为了保证数控车床及刀具的安全，一般要先回_____轴再回_____轴。

10. _____方式用来在系统键盘上输入一段程序，然后按下循环启动键来执行该段程序。

11. _____是指在加工程序编制中，用以表示刀具特征的点，也是对刀和加工的基准点。

12. 在加工程序执行前，调整每把刀的刀位点，使其尽量与某一理想基准点重合，这一过程称为_____。

13. _____是指在编制加工中心、数控车床等多刀加工的各种数控机床所需加工程序时，相对于机床固定原点而设置的一个自动换刀或换工作台的位置。

二、判断题

14. 数控车床适用于单品种，大批量生产。（　　）

15. 数控车床与普通车床在加工零件时的根本区别在于数控车床是按照事先编制好的加工程序自动地完成对零件的加工。（　　）

16. 数控车床的加工精度比普通车床高是因为它的传动链比普通车床的传动链长。（　　）

17. 半闭环数控系统中，反馈信号全部取自机床的最终运动部件。（　　）

18. 数控加工适用于形状复杂精度要求高的零件加工。（　　）

19. 为了防止在换（转）刀时碰撞到被加工零件或夹具，除特殊情况外，换刀点都应设置在被加工零件的外面，并留有一定的安全区。（　　）

20. 当车刀刀尖高于工件轴线时，因其车削平面与基面的位置发生变化，使前角减小，后角增大。（　　）

三、选择题

21. 数控机床的切削时间利用率高于普通机床5～10倍，尤其在加工形状比较复杂、精度要求较高、品种更换频繁的工件时，更具有良好的（　　）。

　　A. 稳定性　　　　B. 经济性　　　　C. 连续性　　　　D. 可行性

22. （　　）主要用于经济型数控机床的进给驱动。

　　A．步进电动机　　　　　　　　　　　B．直流伺服电动机

　　C．交流伺服电动机　　　　　　　　　D．直流进给伺服电动机

23. 半闭环系统的反馈装置一般在（　　）。

　　A．导轨上　　　　B．伺服电动机上　　C．工作台上　　　D．刀架上

24. 数控车床适用于生产（　　）零件。

　　A．大型　　　　　B．大批量　　　　　C．小批量复杂　　D．高精度

25. （　　）控制系统的反馈装置一般装在电机轴上。

　　A．开环　　　　　B．半闭环　　　　　C．闭环　　　　　D．增环

26. 若删除一个字符，则需要按（　　）键。

　　A．RESET　　　　B．HELP　　　　　C．INPUT　　　　D．CAN

27. 在 CRT/MDI 面板的功能键中，用于报警显示的键是（　　）。

　　A．DGNOS　　　　B．ALARM　　　　C．PARAM　　　D．POS

28. 数控程序编制功能常用的删除键是（　　）。

　　A．INSRT　　　　B．ALTER　　　　C．DELETE　　　D．POS

29. 在 CRT/MDI 操作面板上页面变换键是（　　）。

　　A．PAGA　　　　B．CURSOR　　　C．EOB　　　　D．POS

30. 数控车床（　　）时模式选择开关应放在 MDI。

　　A．自动状态　　　B．手动数据输入　　C．回零　　　　　D．手动进给

31. 在 CRT/MDI 面板的功能键中，显示机床现在位置的键是（　　）。

　　A．PAGA　　　　B．CURSOR　　　C．EDIT　　　　D．POS

32. 在 CRT/MDI 面板的功能键中，用于刀具偏置参数设置的键是（　　）。

　　A．POS　　　　　B．OFFSET　　　C．PRGRM　　　D．ALARM

四、问答题

33. 7S 的具体内容是什么？机械实训 7S 管理有哪些具体要求？

34. 数控车削中对刀有哪些步骤？对刀时需要特别注意哪些问题？

35. 车削外圆和端面如何选择合适的数控车刀？

36. 数控车刀的安装过程中要注意哪些问题？

37. 刀位点、对刀点及换刀点分别指的是什么？三者之间有何区别？

38. 数控车床由哪几部分组成？各部分的作用是什么？

39. 简述数控车床的工作原理。

40. 怎样正确开启数控机床？

41. 怎样移动机床？在控制面板中找到手动键，在输入面板中找到位置键，当机床移动时，显示面板的坐标怎样变化的？

42. 在录入状态下怎样启动主轴？

43. 数控车床分为哪几类？有何特点？

项目二　基本编程指令介绍

———————（实训 19 学时）———————

知识目标

1. 了解数控车床坐标系设定，掌握坐标点的计算；
2. 了解数控车加工程序的组成及编程格式；
3. 熟悉数控车编程指令 G00、G01 的编程格式和参数；
4. 熟悉数控车圆弧插补指令 G02/G03 编程序的基本格式；
5. 熟悉数控车削粗、精加工工艺和顺逆圆弧的判别。

能力目标

1. 掌握数控车编程指令 G00、G01 的编程；
2. 掌握数控车圆弧插补指令 G02/G03 的应用；
3. 掌握粗加工切削参数的选择；
4. 掌握数控车粗、精加工编程格式。

任务一　使用 G00/G01 指令编程

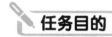

任务目的

1．了解数控车床坐标系的设定，掌握坐标点的计算方法；
2．熟悉数控车床编程指令 G00、G01 的用法；
3．了解数控车床加工程序的组成及编程格式。

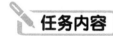

任务内容

1．坐标点的计算；
2．使用 G00、G01 指令进行编程。

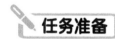

任务准备

一、数控车床坐标系

1．机床坐标系

按国家标准 GB/T 19660—2005《工业自动化系统与集成　机床数值控制坐标系和运动命名》的规定，车床主轴中心线为 Z 轴，垂直于 Z 轴的为 X 轴，车刀远离工件的方向为两轴的正方向。机床原点（机床零点）一般定在主轴中心线（即 Z 轴）和主轴安装夹盘面的交点上，如图 2-1 所示。为使数控装置得知机床原点所在位置的信息，常借助访问参考点来完成，机床参考点是由机床制造厂在机床装配、调试时确定的一个点，此点坐标值为 X 参、Z 参考点。

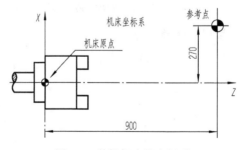

图 2-1　数控机床的坐标系

2．工件坐标系

工件坐标系是编程人员根据零件图形特点和尺寸标注的情况，为了方便计算编程坐标值而建立的坐标系。

数控车床的机床原点一般取卡盘端面法兰盘与主轴中心线的交点处，而数控车削零件的工件坐标系原点一般位于零件右端面或左端面与轴线的交点上，如图 2-2 所示。

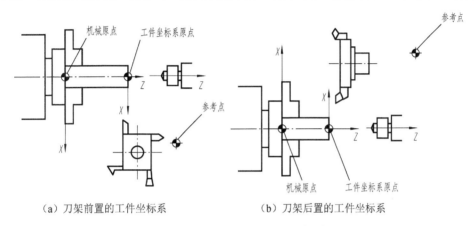

（a）刀架前置的工件坐标系　　　　（b）刀架后置的工件坐标系

图 2-2　机床坐标系与工件坐标系

3．机床坐标轴的判断原则

在数控机床上确定各轴的方向，遵循右手笛卡儿原则，如图 2-3 所示，中指指向为 Z 轴正方向，食指指向为 Y 轴正方向，拇指指向为 X 轴正方向。在数控车中为二维加工，故没有 Y 轴，只有 X、Z 轴，如图 2-4 和图 2-5 所示。

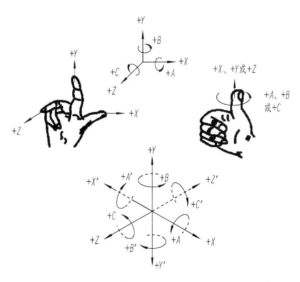

图 2-3　右手笛卡儿原则

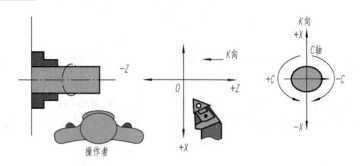

图 2-4　操作者和机床的关系

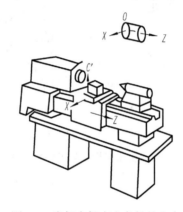

图 2-5　坐标在机床上各轴的方向

二、数控程序结构

1. 程序的结构

一个完整的程序由程序号、程序内容和程序结束三部分组成。

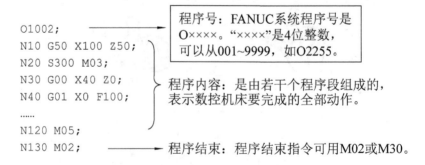

```
O1002;
N10 G50 X100 Z50;
N20 S300 M03;
N30 G00 X40 Z0;
N40 G01 X0 F100;
......
N120 M05;
N130 M02;
```

程序号：FANUC系统程序号是O××××。"××××"是4位整数，可以从001~9999，如O2255。

程序内容：是由若干个程序段组成的，表示数控机床要完成的全部动作。

程序结束：程序结束指令可用M02或M30。

2. 程序段格式

程序由若干程序段组成，程序段由若干字组成，每个字由字母和数字组成。

程序段格式通常有三种格式：

1）字—地址程序段格式：

    N__ G__ X__ Z__ F__ S__ T__ M__；

其中：N——程序段序号。用以识别程序段的编号。用 N+ 若干数字表示。

      G——准备功能指令。用 G+ 两位数字表示。

      X、Z 等尺寸字——准备功能指令。由地址码、+、- 符号及绝对值的数值构成。

      F——进给功能字。表示刀具中心运动时的进给速度。F+ 若干位数字构成。

      S——主轴转速功能字。S+ 若干位数字组成，单位为 r/min。

      T——刀具功能字。T+ 若干位数字组成。数字的位数由所用系统决定。

      M——辅助功能字。M+2 位数字组成。

      "；"——程序段结束。

2）使用分隔符的程序段格式。

3）固定程序段格式。

三、基本指令

1. G00 快速点定位指令

G00 是模态（续效）指令，它命令刀具以点定位控制方式从刀具所在点以机床的最快速度移动到指定点。

（1）指令格式

    G00 X(U)__ Z(W)__；

其中：X、Z——刀具终点的绝对坐标值；

      U、W——刀具目标点相对于起始点的增量坐标终点坐标。

      X（U）必须按直径值输入。

（2）实例

如图 2-6 所示，要求刀具快速从 A 点移动到 B 点。工件坐标系原点为工件右端面中心。

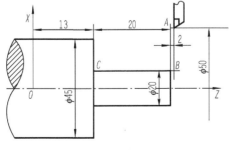

图 2-6　G00 指令编程

绝对值方式编程为

```
G00 X25 Z2;
```

增量值方式编程为

```
G00 U-25 W0;
```

2．G01 直线插补指令

G01 指令是直线运动命令，规定刀具在两坐标或三坐标间以插补联动方式按指定的进给速度做任意斜率的直线运动。

（1）指令格式

```
G01 X(U)__ Z(W)__ F__;
```

其中：X、Z——刀具终点的绝对坐标值；

U、W——刀具目标点相对于起始点的增量坐标终点坐标；

F——刀具切削速度。

X（U）必须按直径值输入。

（2）实例

用 G01 编写如图 2-7 所示从 $A \to B \to C$ 的刀具轨迹，工件坐标系原点为工件右端面中心。

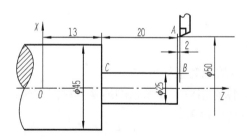

图 2-7　G01 指令编程

绝对值方式编程为

```
G01 X25 Z2 F100;     A → B
G01 X25 Z-20;        B → C
```

增量值方式编程为

```
G01 U-25 W0 F100;    A → B
G01 U0 W-20;         B → C
```

3. 编程注意事项

1）G01 程序中必须含有 F 指令，进给速度由 F 指令决定。F 指令也是模态指令，可由 G00 指令取消。如果在 G01 程序段之前的程序段没有 F 指令，且现在的 G01 程序段中也没有 F 指令，则机床不运动。

G01 为模态指令，可由 G00、G02、G03 或 G33 功能注销。

2）程序中 F 指令进给速度在没有新的 F 指令以前一直有效，不必在每个程序段中都写入 F 指令。

3）绝对坐标编程和相对坐标编程（X＿＿ Z＿＿、U＿＿ W＿＿）。

X＿＿ Z＿＿：表示程序段中的尺寸字为绝对坐标值，刀具运动的位置坐标是指刀具相对于程序原点的坐标。

U＿＿ W＿＿：指刀具移动的目的点相对于当前点在 X、Z 方向的坐标增量。

 **任务实施**

要求加工图 2-8 所示图样，程序如下：

O00001;	程序名
G98 M03 S600;	主轴正转,600r/min
T0101;	选刀
G00 X0 Z2;	快速点定位
G01 Z0 F100;	直线插补至原点 O
X20;	O → A
Z-10;	A → B
X25.2;	B → C
X30 Z-34;	C → D
X38;	D → E
Z-39;	E → F
G00 X100.Z100;	快速退刀
M05;	主轴停转
M30;	程序结束

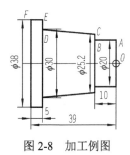

图 2-8 加工例图

 **知识拓展**

一、M 功能指令

FANUC 数控系统常见的 M 代码及其功能如表 2-1 所示。

表 2-1 FANUC 数控系统常见的 M 代码及其功能

M 代码	功能	M 代码	功能
M00*	程序停止	M07	冷却液打开
M01*	选择性程序停止	M08	冷却液打开
M02*	程序结束	M09	冷却液关闭
M03	主轴正转（CW）	M30*	程序结束并返回
M04	主轴反转（CCW）	M98	子程序调用
M05	主轴停	M99	子程序结束并返回

二、F、S、T 功能指令

1．F 功能

进给功能也称 F 功能，用于表示进给速度。进给速度是用字母 F 和其后面的若干位数字来表示的。

1）在 G99 码状态下，F 后面的数值表示的是主轴每转一圈刀具的切削进给量。

例如，G99　F0.5; 表示进给量为 0.5mm/r。

2）在 G98 码状态下，表示刀具每分钟的切削进给量。

例如，G98　F150; 表示进给量为 150mm/min。

G99 和 G98 均为模态指令，一旦指定 G99（G98），直到 G98（G99）指定之前它一直有效。当程序里没写 G98 和 G99 时，系统一般默认为 G99。

2．S 功能

用于控制带动工件旋转的主轴的转速。实际加工时，还受到机床面板上的主轴速度修调倍率开关的影响。

（1）主轴的最高转速限制（G50）

指令格式：

```
G50  S__;
```

例如，G50　S2000; 表示最高转速为 2000r/min。

（2）恒线速度控制（G96）

指令格式：

```
G96  S__;
```

例如，G96　S120; 表示控制主轴转速，使切削点的线速度始终保持在 120m/min。

由线速度 v 可求得主轴转速如下：

$$n=\frac{1000v}{\pi d}$$

式中：v——线速度，m/min；

d——切削点的直径，mm；

n——主轴的转速，r/min。

（3）恒线速度取消（G97）

指令格式：

G97 S___；

例如，G97 S1000;表示主轴的转速为1000r/min。

当由 G96 转为 G97 时，应对 S 码赋值，未指令时，将保留 G96 指令的最终值。

当由 G97 转为 G96 时，若没有 S 指令，则按前一 G96 所赋 S 值进行恒线速度控制。

当系统没有指定 G96 和 G97 指令时，系统默认 G97 指令。

3．T 功能

刀具功能，表示选刀或换刀。

用地址 T 和后面的四位数字来指定刀具号和刀具补偿号，其中前两位为刀具号，后两位既是刀具长度补偿号，又是刀尖圆弧半径补偿号，如图2-9所示。

T0101 表示 1 号刀具及 1 号刀具长度补偿和半径补偿。至于刀具的长度和刀尖圆弧半径补偿的具体值，应到 1 号刀具补偿位去查找和修改。如果后面两位数为零，如 T0300；表示取消刀具补偿状态，调用第三号刀具。

图 2-9 T 指令格式

例如：

N10 S600 M03；

N20 T0102；（1号刀具、2号补偿）

N30 G01 Z50.0 F100；

N40 T0100；（2号刀补取消）

操作练习

完成图 2-10～图 2-13 所示图样的车削编程练习。

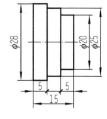

图 2-10 练习 2-1

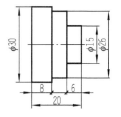

图 2-11 练习 2-2

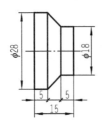

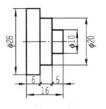

图 2-12 练习 2-3 　　　　　图 2-13 练习 2-4

任务二　使用 G02/G03 指令编程

 任务目的

1. 了解数控车削粗、精加工工艺；
2. 熟悉数控车圆弧指令的用法和顺逆圆弧的判别；
3. 掌握数控车圆弧插补指令 G02/G03 的应用和程序的基本格式。

 任务内容

1. 应用基本指令进行粗加工和精加工编程；
2. 练习圆弧指令的应用，判别顺、逆圆弧；
3. 练习对刀操作，加工简单工件。

 任务准备

一、圆弧插补指令（G02/G03）格式

1. 指令格式

　　　G02/G03 X(U)__ Z(W)__ I__ K__ F__;

或

　　　G02/G03 X(U)__ Z(W)__ R__ F__;

其中：X、Z——圆弧插补的终点坐标值；

I、K——圆心相对圆弧起点的增量坐标；

R——圆弧半径；

F——进给率。

2．圆弧顺逆的判断

圆弧插补指令分为顺时针圆弧插补指令 G02 和逆时针圆弧插补指令 G03。圆弧插补的顺逆可按图 2-14 给出的方向判断：沿圆弧所在平面（如 XZ 平面）的垂直坐标轴的负方向（$-Y$）看去，顺时针方向为 G02，逆时针方向为 G03。

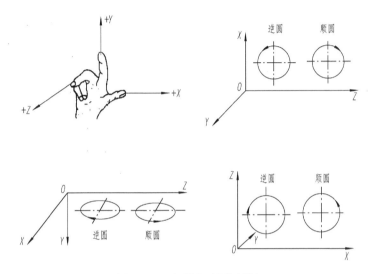

图 2-14 圆弧顺、逆的判断

数控车床是两坐标的机床，只有 X 轴和 Z 轴，按右手定则的方法将 Y 轴也加上去来考虑。观察者让 Y 轴的正向指向自己（即沿 Y 轴的负方向看去），站在这样的位置上就可正确判断 X-Z 平面上圆弧的顺逆时针。

3．编程注意事项

1）采用绝对值编程时，圆弧终点坐标为圆弧终点在工件坐标系中的坐标值，用 X、Z 表示。当采用增量值编程时，圆弧终点坐标为圆弧终点相对于圆弧起点的增量值，用 U、W 表示。

2）圆心坐标 I、K 为圆弧起点到圆弧中心所作矢量分别在 X、Z 坐标轴方向上的分矢量（矢量方向指向圆心）。本系统 I、K 为增量值，并带有"$\pm$"号，当分矢量的方向与坐标轴的方向不一致时取"$-$"号。

3）当用半径 R 指定圆心位置时，由于在同一半径 R 的情况下，从圆弧的起点到终点有两个圆弧的可能性，为区别二者，规定圆心角不大于 180° 时，用"+R"表示。若圆弧圆心角大于 180° 时，用"$-$R"表示。

4）用半径只指定圆心位置时，不能描述整圆。

二、圆弧插补指令编程应用

如图 2-15 所示 G02 应用实例。

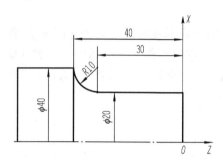

图 2-15　G02 应用实例

1）用 I、K 表示圆心位置，绝对值编程：

```
N03 G00 X20.0 Z2.0;
N04 G01 Z-30.0 F80;
N05 G02 X40.0 Z-40.0 I10.0 K0 F60;
```

2）用 I、K 表示圆心位置，增量值编程：

```
N03 G00 X20.0 Z2.0;
N04 G01 U0 W-32.0 F80;
N05 G02 U20.0 W-10.0 I10.0 K0 F60;
```

3）用 R 表示圆心位置：

```
N03 G00 X20.0 Z2.0;
N04 G01 Z-30.0 F80;
N05 G02 X40.0 Z-40.0 R10 F60;
```

如图 2-16 所示 G03 应用实例。

1）用 I、K 表示圆心位置，采用绝对值编程：

```
N04 G00 X28.0 Z2.0;
N05 G01 Z-40.0 F80;
N06 G03 X40.0 Z-46.0 I0 K-6.0 F60;
```

2）采用增量值编程：

```
N04 G00 X28.0 Z2.0;
N05 G01 W-42.0 F80;
```

N06 G03 U12.0 W-6.0 I0 K-6.0 F60;

3）用 R 表示圆心位置，采用绝对值编程：

N04 G00 X28.0 Z2.0;

N05 G01 Z-40.0 F80;

N06 G03 X40.0 Z-46.0 R6.0 F60;

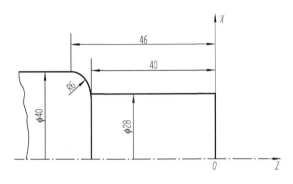

图 2-16　G03 应用实例

任务实施

如图 2-17 所示，工件已粗加工完毕，各位置留有余量 0.2mm，要求编写精加工程序。（编程原点为工件右端面中心。）

程序如下：

O0002;	程序名
G98 M03 S600;	主轴正转,600r/min
T0101;	选刀
G00 X10 Z2;	快速点定位
G01 Z0 F100;	直线插补至 A 点
G03 X12 Z-1 R1;	A ↪ B
G01 Z-12;	B → C
G02 X18 Z-15 R3;	C ↪ D
G03 X22 Z-17 R2;	D ↪ E
G01 Z-28;	E → F
G00 X100 Z100;	快速退刀
M05;	主轴停转
M30;	程序结束

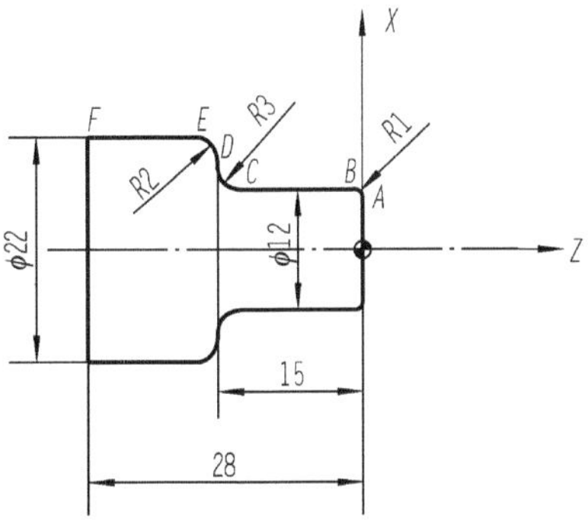

图 2-17　加工例图

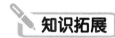 **知识拓展**

一、倒角、倒圆编程

1. 45°倒角

（1）由 Z 轴向 X 轴倒角

指令格式：

    G01 Z(W)___ I±i;

由轴向切削向端面切削倒角，用一个绝对尺寸或增量尺寸指令表示从起点 A 到 B 点的移动，i 的正、负根据倒角是向 X 轴正向还是负向确定，如图 2-18 所示。

（2）由 X 轴向 Z 轴倒角

指令格式：

    G01 X(U)___ K±k;

由端面切削向轴向切削倒角，k 的正负根据倒角是向 Z 轴正向还是负向确定，如图 2-19 所示。

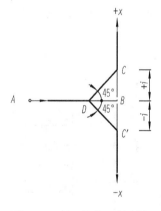

图 2-18　由 Z 轴向 X 轴倒角

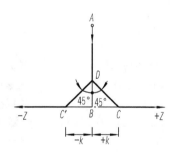

图 2-19　由 X 轴向 Z 轴倒角

2. 任意角度倒角

指令格式：

    G01 X___ Z___ C___ ;
    X___ Z___ ;

在直线进给程序段尾部加上 C__，可自动插入任意角度的倒角。C 的数值是从假设没有倒角的拐角交点距倒角始点或与终点之间的距离，如图 2-20 所示。

【例 2-1】图 2-20 刀具轨迹编程如下：

```
G01 X50 C10;
    X100 Z-100;
```

3．倒圆角

（1）由 Z 轴向 X 轴倒圆角
指令格式：

```
G01 Z(W)__ R±r;
```

用一个绝对尺寸或增量尺寸指令表示从起点 A 到 B 点的移动，倒圆情况如图 2-21 所示。

（2）由 X 轴向 Z 轴倒圆角
指令格式：

```
G01 X(U)__ R±r;
```

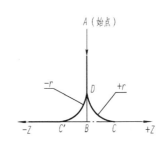

图 2-20　任意角度倒角

用一个绝对尺寸或增量尺寸指令表示从起点 A 到 B 点的移动，倒圆情况如图 2-22 所示。

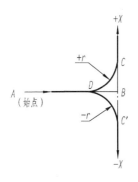

图 2-21　由 Z 轴向 X 轴倒圆角　　　　图 2-22　由 X 轴向 Z 轴倒圆角

4．任意角度倒圆角

指令格式：

```
G01 X__ Z__ R__;
    X__ Z__;
```

【例 2-2】图 2-23 刀具轨迹程序为

```
G01 X50 R10 F100;
```

```
X100 Z-100;
```

则加工情况如图 2-23 所示。

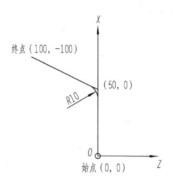

图 2-23　任意角度倒圆角

二、外圆、端面加工质量分析

数控车在外圆和端面加工过程中会遇到各种各样的加工和质量上的问题，表 2-2 和表 2-3 对较常见出现的问题、产生的原因、预防及解决方法进行了分析。

表 2-2　外圆加工的质量分析

问题现象	产生原因	预防和消除	问题现象	产生原因	预防和消除
工件外圆尺寸超差	刀具数据不准确	调整或重新设定刀具数据	外圆表面质量太差	切削速度过低	调高主轴转速
	切削用量选择不当产生让刀	合理选择切削用量		刀具中心过高	调整刀具中心高度
	程序错误	检查修改加工程序		切屑控制较差	选择合理的进刀方式及切深
	工件尺寸计算错误	正确计算		刀尖产生积屑瘤	选择合理的切速范围
加工过程中出现扎刀引起工件报废	进给量过大	降低进给速度	台阶端面出现倾斜	程序错误	检查修改加工程序
	切屑阻塞	采用断、退屑方式切入		刀具安装不正确	正确安装刀具
	工件安装不合理	检查工件安装，增加安装刚性	工件圆度超差或产生锥度	机床主轴间隙过大	调整机床主轴间隙
	刀具角度选择不合理	正确选择刀具		程序错误	检查修改加工程序
				工件安装不合理	检查工件安装，增加安装刚性

表 2-3 端面加工的质量分析

问题现象	产生原因	预防和消除	问题现象	产生原因	预防和消除
端面加工时长度尺寸超差	刀具数据不准确	调整或重新设定刀具数据	端面表面质量太差	切削速度过低	调高主轴转速
	尺寸计算错误	正确进行尺寸计算		刀具中心过高	调整刀具中心高度
	程序错误	检查修改加工程序		切屑控制较差	选择合理的进刀方式及切深
端面中心处有凸台	程序错误	检查修改加工程序		刀尖产生积屑瘤	选择合理的切速范围
	刀具中心过高	调整刀具中心高度		切削液选用不合理	选择正确的切削液
	刀具损坏	更换刀片		机床主轴径向间隙过大	调整机床主轴间隙
加工过程中出现扎刀	进给量过大	降低进给速度	工件凹凸不平	程序错误	检查修改加工程序
	刀具角度选择不合理	正确选择刀具		切削用量选择不当	合理选择切削用量

操作练习

完成图 2-24～图 2-27 所示图样的车削编程练习。

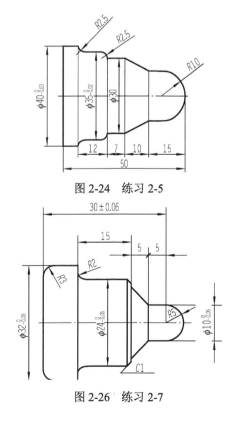

图 2-24 练习 2-5

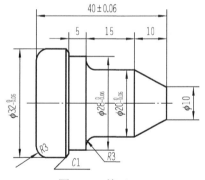

图 2-25 练习 2-6

图 2-26 练习 2-7

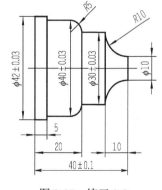

图 2-27 练习 2-8

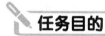

任务三 编程综合练习

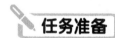

任务目的

1. 巩固数控车基本编程指令；
2. 了解数控车削粗、精加工工艺；
3. 掌握粗加工切削参数的选择，掌握数控车粗、精加工编程格式。

任务内容

1. 运用基本编程指令编写零件粗、精加工程序；
2. 选择合适的切削参数编写粗、加工程序；
3. 运用基本编程指令编写零件粗、精加工程序。

任务准备

一、工序的划分

在批量生产中，常用下列两种方法进行工序的划分。

1. **按零件加工表面划分工序**

将位置精度要求较高的表面安排在一次安装下完成，以免多次安装所产生的安装误差影响位置精度。此方法适用于加工内容不多的零件。

2. **按粗、精加工划分工序**

以粗加工中完成的那一部分工艺过程为一道工序，精加工中完成的那一部分工艺过程为一道工序。此方法适用于零件加工后易变形或精度要求较高的零件。

【例 2-3】加工如图 2-28 所示手柄零件，该零件加工所用坯料为 $\phi32mm$，批量生产，加工时用一台数控车床。工序的划分及装夹方式如下：

工序 1：如图 2-29（a）所示，将一批工件全部车出（包括切断），夹棒料外圆柱面，工序内容有：车出 $\phi12mm$ 和 $\phi20mm$ 两圆柱面→圆锥面（粗车掉 $R42mm$ 圆弧的部分余量）→转刀后按总长要求留下加工余量切断。

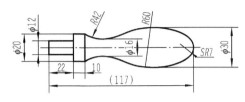

图 2-28   手柄零件

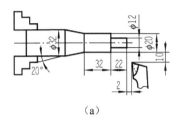

（a）

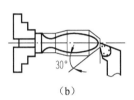

（b）

图 2-29   手柄零件加工工序

工序 2：如图 2-29（b）所示，用 ϕ12mm 外圆和 ϕ20mm 端面装夹，工序内容有车削包络 SR7mm 球面的 30°圆锥面→对全部圆弧表面半精车（留少量的精车余量）→换精车刀将全部圆弧表面一刀精车成形。

二、加工顺序的安排

1．先粗后精

如图 2-30 所示，对于粗、精加工在一道工序内进行的，先对各表面进行粗加工，全部粗加工结束后在进行半精加工和精加工，逐步提高加工精度。

2．先近后远

如图 2-31 所示，在一般情况下，离对刀点近的部位先加工，离对刀点远的部位后加工，以便缩短刀具移动距离，减少空行程时间。

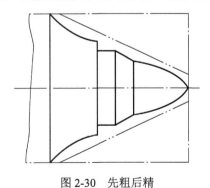

图 2-30   先粗后精

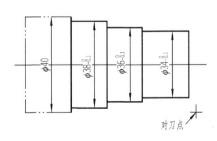

图 2-31   先近后远

3．内外交叉

对既有内表面（内型、腔），又有外表面需加工的回转体零件，安排加工顺序时，应先进行外、内表面粗加工，后进行外、内表面精加工。

4．基面先行

用作精基准的表面应优先加工出来，因为定位基准的表面越精确，加工时，装夹误差就越小。

三、进给路线的确定

1．最短的空行程路线

1）巧用起刀点。图 2-32（a）为采用矩形循环方式进行粗车的一般情况示例。

2）巧设换（转）刀点。图 2-32（b）将换（转）刀点也设置在离坯件较远的位置处。

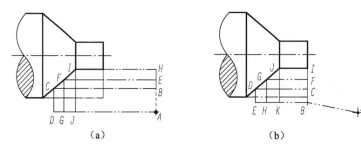

（a）　　　　　　　　　　（b）

图 2-32　巧用起刀点

3）合理安排"回零"路线（执行"回零"，即返回对刀点指令）。

① 将起刀点与对刀点重合在一起：

第一刀为 $A \rightarrow B \rightarrow C \rightarrow D \rightarrow A$；

第二刀为 $A \rightarrow E \rightarrow F \rightarrow G \rightarrow A$；

第三刀为 $A \rightarrow H \rightarrow I \rightarrow J \rightarrow A$。

② 巧将起刀点与对刀点分离：

起刀点与对刀点分离的空行程为 $A \rightarrow B$；

第一刀为 $B \rightarrow C \rightarrow D \rightarrow E \rightarrow B$；

第二刀为 $B \rightarrow F \rightarrow G \rightarrow H \rightarrow B$；

第三刀为 $B \rightarrow I \rightarrow J \rightarrow K \rightarrow B$。

2．粗加工（或半精加工）进给路线

1）常用的粗加工进给路线。图 2-33 为利用数控系统具有的矩形循环功能、三角形循环功能、封闭式复合循环功能的进给路线。

图 2-33（a）为利用数控系统具有的矩形循环功能而安排的"矩形"循环进给路线。

图 2-33（b）为利用数控系统具有的三角形循环功能而安排的"三角形"循环进给路线。

图 2-33（c）为利用数控系统具有的封闭式复合循环功能控制车刀沿工件轮廓等距线循环的进给路线。

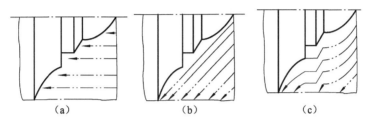

（a）　　　　　　　（b）　　　　　　　（c）

图 2-33　常用的粗加工循环进给路线

对于以上三种切削进给路线，经分析和判断后可知矩形循环进给路线的进给长度总和最短。因此，在同等条件下，其切削所需时间（不含空行程）最短，刀具的损耗最少。但粗车后的精车余量不够均匀，一般需安排半精车加工。

2）大余量毛坯的阶梯切削进给路线。图 2-34 为车削大余量工件的两种加工路线。

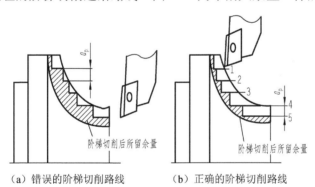

（a）错误的阶梯切削路线　　　　　（b）正确的阶梯切削路线

图 2-34　大余量毛坯的阶梯切削进给路线

3）双向切削进给路线。图 2-35 为轴向和径向联动双向进刀的路线。

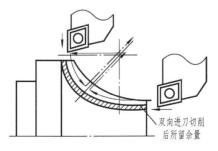

图 2-35　顺工件轮廓双向进给的路线

3．精加工进给路线

1）完工轮廓的连续切削进给路线。在安排一刀或多刀进行的精加工进给路线时，其零件的完工轮廓应由最后一刀连续加工而成。

2）各部位精度要求不一致的精加工进给路线。若各部位精度相差不是很大时，应以最严的精度为准，连续走刀加工所有部位；若各部位精度相差很大，则精度接近的表面安排同一把刀走刀路线内加工，并先加工精度较低的部位，最后单独安排精度高的部位的走刀路线。

4．特殊的进给路线

在数控车削加工中，一般情况下，Z坐标轴方向的进给路线都是沿着坐标的负方向进给的，但有时按这种常规方式安排进给路线并不合理，甚至可能车坏工件。嵌刀现象示意图如图 2-36 所示，合理的进给方案如图 2-37 所示。

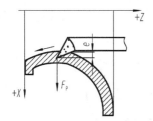 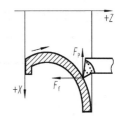

图 2-36　嵌刀现象示意图　　　　　图 2-37　合理的进给方案

四、切削用量的选择

1．确定背吃刀量 a_p

背吃刀量 a_p（mm）相当于加工余量，应以最少的进给次数切除这一加工余量，最好一次切净余量，以提高生产效率。为了保证加工精度和表面粗糙度，一般都留有一定的精加工余量，其大小可小于普通加工的精加工余量，一般半精车余量为 0.5mm 左右，精车余量为 0.1～0.5mm。

2．确定主轴转速 n

1）光车时主轴转速：光车时主轴转速应根据零件上被加工部位的直径，并按零件和刀具的材料及加工性质等条件所允许的切削速度 v_c（m/min）来确定。切削速度除了计算和查表选取外，还可根据实践经验确定。切削速度确定之后，用下式计算主轴转速：

$$n=\frac{1000v_c}{\pi d}$$

式中：n——主轴转速，r/min；

v_c——切削速度，m/min；

d——切削刃选定点处所对应的工件或刀具的回转直径，mm。

2）车螺纹时主轴转速：对于不同的数控系统，推荐不同的主轴转速选择范围。如大多数普通型车床数控系统推荐车螺纹时的主轴转速如下：

$$n \leqslant \frac{1000}{P} - k$$

式中：n——主轴转速，r/min；

P——工件螺纹的螺距或导程，mm；

k——保险系数，一般取为80。

3. 确定进给速度 v_f

进给速度的大小直接影响表面粗糙度的值和车削效率，因此进给速度的确定应在保证表面质量的前提下，选择较高的进给速度。

进给速度包括纵向进给速度和横向进给速度。一般根据零件的表面粗糙度、刀具及工件材料等因素，查阅切削用量手册选取每转进给量f，再按下式计算进给速度：

$$v_f = fn$$

式中：v_f——进给速度，mm/min；

n——主轴转速，r/min；

f——每转进给量，mm/r。粗车时一般选取为 0.3 ～ 0.8 mm/r，精车时常取 0.1 ～ 0.3 mm/r，切断时常取 0.05 ～ 0.2 mm/r。

任务实施

试分析图 2-38 中零件加工工艺，并编写轮廓粗、精加工程序。毛坯及尺寸：45 钢，$\phi 50 \times 40$。

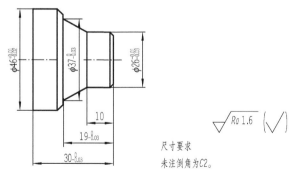

图 2-38　综合编程应用

1．工艺分析

1）本工件毛坯选择直径 50mm 棒料，长度为 60mm；

2）粗加工零件外圆，主轴转速 600r/min，进给 100mm/min；

3）半精加工零件外圆，主轴转速 800r/mm，进给 100mm/min；

4）精加工外圆，主轴转速 1000r/mm，进给 80mm/min；

5）分 5 次完成粗加工，背吃刀量 a_p=2mm。

2．程序

程序如下：

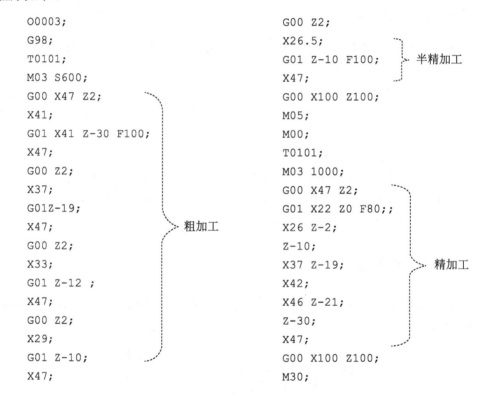

```
O0003;                          G00 Z2;
G98;                            X26.5;
T0101;                          G01 Z-10 F100;    ⎫ 半精加工
M03 S600;                       X47;
G00 X47 Z2;                     G00 X100 Z100;
X41;                            M05;
G01 X41 Z-30 F100;              M00;
X47;                            T0101;
G00 Z2;                         M03 1000;
X37;                            G00 X47 Z2;
G01Z-19;                        G01 X22 Z0 F80;;
X47;                            X26 Z-2;
G00 Z2;            ⎫ 粗加工      Z-10;
X33;                            X37 Z-19;        ⎫ 精加工
G01 Z-12 ;                      X42;
X47;                            X46 Z-21;
G00 Z2;                         Z-30;
X29;                            X47;
G01 Z-10;                       G00 X100 Z100;
X47;                            M30;
```

🔧 知识拓展

一、锥面加工质量分析

锥面加工质量分析如表 2-4 所示。

表 2-4　锥面加工质量分析

问题现象	产生原因	预防和消除
锥度不符合要求	（1）程序错误。 （2）工件装夹不正确	（1）检查修改加工程序。 （2）检查工件安装，增加安装刚度
切削过程出现振动	（1）工件装夹不正确。 （2）刀具安装不正确。 （3）切削参数不正确	（1）正确安装工件。 （2）正确安装刀具。 （3）编程时合理选择切削参数
锥面径向尺寸不符合要求	（1）程序错误。 （2）刀具磨损。 （3）没有考虑刀尖圆弧补偿	（1）保证编程正确。 （2）及时更换磨损大的刀具。 （3）考虑刀具补偿
切削过程出现干涉现象	工件斜度大于刀具后角	（1）选择正确的刀具。 （2）改变切削方式
表面粗糙度达不到要求	（1）车刀刚度不足或伸出太长引起振动。 （2）车刀几何参数不合理。 （3）切削用量选择不合理	（1）提高车刀刚度，正确装夹车刀。 （2）合理选用车刀角度。 （3）选择合适的切削用量

二、圆弧加工质量分析

圆弧加工质量分析如表 2-5 所示。

表 2-5　圆弧加工质量分析

问题现象	产生原因	预防和消除
切削过程出现干涉现象	（1）刀具参数不正确。 （2）刀具安装不正确	（1）正确选择刀具几何参数。 （2）正确安装刀具
圆弧凹凸方向不对	程序不正确	正确编制程序
圆弧尺寸不符合要求	（1）程序不正确。 （2）刀具磨损。 （3）刀尖圆弧半径没有补偿	（1）正确编制程序。 （2）及时更换刀具。 （3）考虑刀尖半径补偿
表面粗糙度达不到加工要求	（1）车刀刚度不足或伸出太长而引起振动。 （2）车刀几何参数不合理，如选用过小的前角或后角。 （3）切削用量选用不合理	（1）提高刀具刚度，正确装夹刀具。 （2）合理选用刀具角度。 （3）进给量不宜太大，选择适当的精车余量和切削速度

操作练习

完成图 2-39～图 2-41 所示图样的车削编程练习。

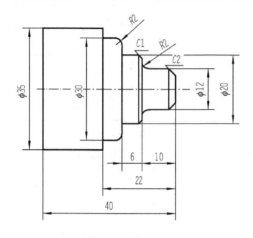

图 2-39　练习 2-9

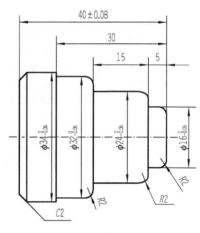

图 2-40　练习 2-10

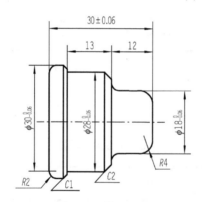

图 2-41　练习 2-11

思考与练习

一、填空题

1．数控编程可分为 _____ 编程和 _____ 编程两大类。

2．现代数控车床都是按照事先编制好的 _____ 自动地对工件进行加工的。

3．数控车床坐标系采用 _____ 坐标系。

4．数控车床的 Z 轴为 _____。

5．数控车床坐标系是以机床原点为坐标系原点建立起来的 _____ 坐标系。

6. 数控车床的机床原点一般为 _____ 的交点。

7. _____ 也是机床上的一个固定点，它是用机械挡块或电气装置来限制刀架移动的极限位置。

8. _____ 坐标系的原点可由编程人员根据具体情况确定，一般设在图样的设计基准或工艺基准。

9. 一个完整的程序。一般由 _____、程序内容和程序结束三部分组成。

10. 目前最常用的程序段格式是 _____ 格式。

二、判断题

11. 编写数控程序时一般以机床坐标系作为编程依据。   （   ）

12. 数控机床中，坐标轴是按照右手笛卡儿直角坐标系定义的。   （   ）

13. 未曾在机床运行过的新程序在调入后最好先进行校验运行，正确无误后再启动自动运行。   （   ）

14. 在循环加工时，当执行有 M00 指令的程序段后，如果要继续执行下面的程序，必须按"进给保持"键。   （   ）

15. 辅助功能 M00 指令为无条件程序暂停，执行该程序指令后，所有的运转部件停止运动，且所有模态信息全部丢失。   （   ）

16. "M08"指令表示冷却液打开。   （   ）

17. 准备功能又称 M 功能。   （   ）

18. 辅助功能又称 G 功能。   （   ）

19. 数控系统中，坐标系的正方向是使工件尺寸减小的方向。   （   ）

20. 直接根据机床坐标系编制的加工程序不能在机床上运行，所有必须根据工件坐标系编写。   （   ）

三、选择题

21. 准备功能 G02 代码的功能是（   ）。
    A．快速点定位   B．逆时针方向圆弧插补
    C．顺时针方向圆弧插补   D．直线插补

22. 进给功能用于指定（   ）。
    A．进刀深度   B．进给速度   C．进给转速   D．进给方向

23. 程序中的主轴功能，也称为（   ）。
    A．G 指令   B．M 指令   C．T 指令   D．S 指令

24. 数控机床的 Z 轴方向（   ）。
    A．平行于工件装夹方向   B．垂直于工件装夹方向
    C．与主轴回转中心平行   D．不确定

25. （   ）由编程者确定，编程时可根据编程方便原则确定在工件的任何位置。
    A．工件零点   B．相对   C．机床零点   D．对刀零点

26．绝对值编程与增量值编程混合起来编程的方法称（　　）编程。

A．绝对 B．相对 C．混合 D．平行

27．数控加工程序单是编程人员根据工艺分析情况，经过数值计算，按照机床特点的编写的（　　）。

A．汇编语言 B．BASIC 语言

C．指令代码 D．AutoCAD 语言

28．主轴停止是用（　　）辅助功能表示。

A．M02 B．M05 C．M06 D．M30

29．S1500 表示主轴转速为 1500（　　）。

A．m/s B．mm/min C．r/min D．mm/s

30．在程序的最后必须表明程序结束代码（　　）。

A．M06 B．M20 C．M02 D．G02

31．在确定数控机床坐标系时，首先要确定的是（　　）。

A．X 轴 B．Y 轴

C．Z 轴 D．回转运动的轴

32．在数控机床中，A、B、C 轴与 X、Y、Z 坐标轴的关系是（　　）。

A．分别绕 X、Y、Z 的轴转动 B．分别与 X、Y、Z 的轴平行

C．分别与 X、Y、Z 的轴垂直 D．不能确定

四、问答题

33．数控车削中如何选择切削三要素？

34．简述加工余量较大的圆弧常用的走刀路线。

35．圆弧插补指令 G02/G03 如何区分？试写出其编程格式。

项目三　单一固定循环车削编程及加工

—————— （实训 6 学时） ——————

知识目标

1. 了解单一固定循环指令的格式；
2. 熟悉单一固定循环指令的参数设置；
3. 了解 G90 和 G01 的刀具路线区别和意义；
4. 了解简化编程的基本方法与指令应用。

能力目标

1. 掌握单一固定循环指令 G90 的编程；
2. 能使用 G90 加工外圆台阶轴；
3. 能运用 G94 进行零件长度控制。

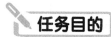

1．了解单一固定循环指令 G90 的编程格式及注意事项；
2．熟练运用 G90 指令完成外圆轮廓车削编程；
3．运用已学编程知识完成外圆轮廓零件的车削编程与加工。

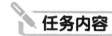

1．运用 G90 指令进行圆柱粗精加工编程；
2．练习单一固定循环指令 G90 的应用；
3．巩固对刀操作，完成简单外轮廓零件编程加工。

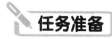

当用数控车床加工简单、加工余量较小的表面时用直线插补指令（G01）就可以实现。但是当车削加工余量较大的表面时需多次进刀切除，此时再用直线插补指令（G01）进行加工，就会浪费时间，降低生产效率。在这种情况下我们就可以采用外圆切削循环指令（G90）来加工余量较大的表面，以减少程序段的数量，缩短编程时间和提高数控机床工作效率。

一、单一固定循环指令（G90）的基本特点

1．指令功能

外圆切削循环指令（G90）是单一形状固定循环指令，该循环指令主要用于轴类零件的外圆、锥面的加工，实现外圆切削循环和锥面切削循环。

2．指令状态

G90 指令及指令中各参数均为模态值。每指定一次，车削循环一次，指令中的参数，包括坐标值，在指定另一个 G 指令（G04 指令除外）前保持不变。

3．指令格式

（1）外圆切削循环指令（G90）
指令格式：

```
G90 X(U)__ Z(W)__ F__;
```

指令说明：

1）X、Z取值为圆柱面切削终点坐标值。

2）U、W取值为圆柱面切削终点相对循环起点的坐标分量。

3）F表示进给速度。

其走刀路线如图3-1所示，刀具从循环起点开始按矩形1R→2F→3F→4R循环，最后又回到循环起点。图中虚线表示按R快速移动，实线表示按F指定的工件进给速度移动。

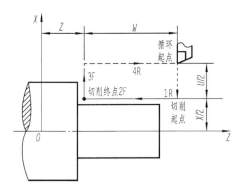

图3-1 G90加工圆柱面走刀路线图

（2）锥面切削循环指令（G90）

指令格式：

```
G90 X(U)__ Z(W)__ R__ F__;
```

指令说明：

1）X、Z表示切削终点坐标值。

2）U、W表示切削终点相对循环起点的坐标分量。

3）R表示切削始点与切削终点在X轴方向的坐标增量（半径值），有正、负号；其正、负符号取决于锥端面位置，当刀具起于锥端大头时，R为正值；起于锥端小头时，R为负值。即起始点坐标大于终点坐标时R为正，反之为负。

4）F表示进给速度。

其走刀路线如图3-2所示，刀具从循环起点开始按梯形1R→2F→3F→4R循环，最后又回到循环起点。图中虚线表示按R快速移动，实线表示按F指定的工件进给速度移动。

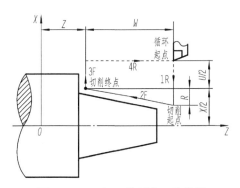

图3-2 G90加工锥面走刀路线图

二、G90与G01的区别

1）G01是直线插补指令，在加工零件时往往用做切削指令。刀具进刀后，才能进行切削加工，每加工完一次，必须进行退刀，才能进行下一次的切削加工。G01 往往用于加工余量较小，几何形状简单的工件中。如果用在加工余量较大的几何形状的零件中，则会增加程序段的数量，降低车床的工作效率。

2）而对于外圆车削循环指令 G90 刀具的运动分为四步：进刀、切削、退刀与返回。对于加工几何形状简单、刀具走刀路线单一的工件，可采用固定循环指令编程，即只需用一条指令、一个程序段完成刀具的多步动作。对于加工几何形状复杂，车削加工余量较大，需要多次进刀切削加工时，采用循环指令编写加工程序，这样可减少程序段的数量，缩短编程时间和提高数控机床工作效率。用 G90 进行粗车时，每次车削一层余量，再次循环时只需按车削深度依次改变 X 的坐标值，则循环过程依次重复执行。

所以，对于 G01 和 G90 都可以用于零件的切削加工，但 G90 的应用要比 G01 广泛。

任务实施

【例 3-1】如图 3-3 所示，工件的毛坯尺寸为 ϕ40mm，请编制 ϕ30mm 圆柱面切削循环程序。（每次径向切深 1mm）。

程序如下：

```
O0001;
G98;
M03 S600;
T0101;
G00 X45 Z2;
G90 X38 Z-25 F100;
X36;
X34;
X32;
X30;
G00 X100 Z100;
M05;
M30;
```

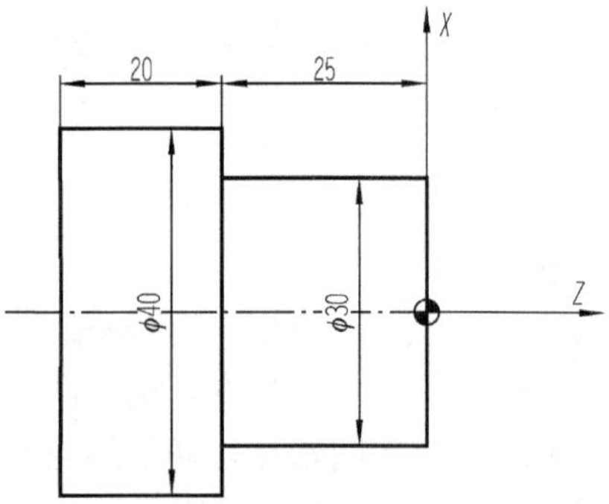

图 3-3　圆柱面切削

【例 3-2】如图 3-4 所示，工件的毛坯尺寸为 ϕ55mm，请编制圆锥面切削程序。（每次径向切深 1.5mm）。

程序如下：

```
O0002;
G98;
M03 S600;
T0101;
G00 X65 Z2;
```

```
G90 X62 Z-35 R-5.286 F100;
    X59;
    X56;
    X53;
    X50;
G00 X100 Z100;
M05;
M30;
```

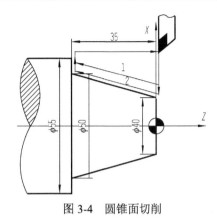

图 3-4　圆锥面切削

 **知识拓展**

一、端面切削循环 G94

G94 指令用于一些短、面大的零件的垂直端面或锥面端面的加工，直接从毛坯余量较大或棒料车削零件时进行的粗加工，以去除大部分毛坯余量。其程序格式也有加工平面端面、锥面端面之分。

（1）平面端面切削循环

指令格式：

```
G94 X(U)__ Z(W)__ F__;
```

其中：X、Z——端面切削的终点坐标值；

U、W——端面切削的终点相对于循环起点的坐标。

平面端面切削循环过程如图 3-5 所示。

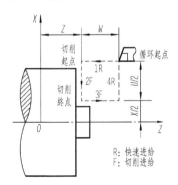

图 3-5　平面端面切削循环

（2）锥面端面切削循环

指令格式：

```
G94 X(U)__ Z(W)__ R__ F__;
```

其中：X、Z——端面切削的终点坐标值；

　　　　U、W——端面切削的终点相对于循环起点的坐标；

　　　　R——端面切削的起点相对于终点在 Z 轴方向的坐标分量。当起点 Z 向坐标小于

　　　　　　　终点 Z 向坐标时 R 为负，反之为正。

锥面端面切削循环过程如图 3-6 所示。

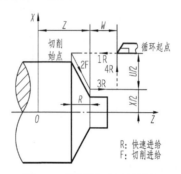

图 3-6　锥面端面切削循环

二、端面切削循环指令应用

【例 3-3】平面端面切削循环。

应用端面切削循环功能加工如图 3-7 所示零件。

程序编制如下：

```
    ......
G00 X85 Z5;
G94 X25 Z-5 F100;
    Z-10;
    Z-15;
    ......
```

【例 3-4】锥面端面切削循环。

编制如图 3-8 所示零件的锥面端面切削循环程序。

程序编制如下：

```
    ......
G00 X65 Z15;
G94 X20 Z0 R-5 F100;
    Z-5;
    Z-10;
    ......
```

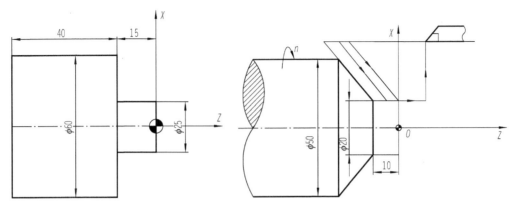

图 3-7　平面端面切削循环例图　　　　图 3-8　锥面端面切削循环例图

操作练习

完成图 3-9 和图 3-10 所示图样的车削编程练习。

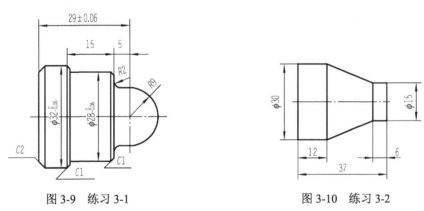

图 3-9　练习 3-1　　　　　　　图 3-10　练习 3-2

思考与练习

一、填空题

1. G90 循环第一步移动为 _____ 轴方向移动。

2. G90 与 G94 的区别在于：G90 是在工件 _____ 作分层粗加工，而 G94 是在工件 _____ 作分层粗加工。G90 与 G94 的最大的区别在于，G94 第一步先走 _____ 轴而 G90 则是先走 _____ 轴。

3. "G90 X(U)__ Z(W)__ R__ F__;" 中 R 为 _____ 值。

4. "G94 X(U)__ Z(W)__ R__ F__;" 中 R 为 _____ 值。

二、选择题

5. FANUC 0i 系统中的准备功能字 G90 指令代码的定义是（　　　）。

    A. 增量尺寸   B. 绝对尺寸

    C. 坐标尺寸预留寄存   D. 固定循环

6. 采用固定循环编程，可以（　　　）。

    A. 加快切削速度，提高加工质量

    B. 缩短程序长度，减少程序所占内存

    C. 减少换刀次数，提高切削速度

    D. 减少吃刀深度，保证加工质量

7. 程序段 "G90 X40.0 Z-5.0 F100 ;" 中（　　　）含义是外圆车削的终点。

    A. X40.0   B. X40.0 Z-5.0   C. Z-5.0   D. F100

8. 程序段 "G90 X52.0 Z-100.0 R5.0 F100 ;" 中 $R5.0$ 的含义是（　　　）。

    A. 进刀量   B. 圆锥起、终端的半径差

    C. 圆锥起、终端的直径差   D. 圆弧半径

9. 在 FANUC 系统中，（　　　）指令在编程中用于车削余量大的端面。

    A. G70   B. G94   C. G90   D. G92

三、问答题

10. G90 和 G01 指令有何区别？分别适用于那种加工编程场合？

11. 单一固定循环 G90 和 G94 在编程方法和走刀路线上有何区别？

12. 使用 G90 编写圆锥加工程序时，如何计算 R 值？

项目四　复合车削固定循环编程及加工

—————————（实训 24 学时）—————————

↘ 知识目标

1. 了解多台阶轴的加工工艺知识；
2. 了解盘类零件和锻件的加工工艺；
3. 了解多槽类零件的加工工艺；
4. 熟悉粗、精加工复合指令的编程格式；
5. 熟悉粗、精加工复合指令的参数设置。

↘ 能力目标

1. 掌握粗、精加工复合循环指令的编程；
2. 能运用 G71/G70 粗、精加工长轴类零件；
3. 能运用 G72/G70 进行盘类零的粗、精加工；
4. 能运用 G73/G70 进行盘类零的粗、精加工；
5. 会运用 G75 进行多槽加工和切断。

任务一 使用外径粗车固定循环指令 G71 编程

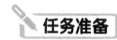
任务目的

1. 掌握多台阶轴的加工工艺知识；
2. 会用 G71/G70 循环指令与基本指令编制轴类零件轮廓加工程序；
3. 能进行多台阶轴工件加工操作与程序的调试。

任务内容

1. 熟记 G71/G70 外圆车削循环指令的格式；
2. 使用 G71/G70 指令编写台阶轴加工程序；
3. 完成台阶轴工件的加工。

任务准备

一、车削循环概述

1）外圆粗车复合循环适用于轴类零件外圆柱面需多次走刀才能完成的粗加工。
2）是用含 G 功能的一个程序段完成多个程序段指令的编程指令，使程序简化。
3）车削循环指令分类如图 4-1 所示。

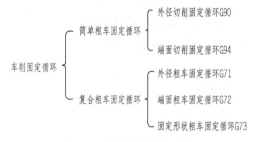

图 4-1 车削循环指令分类

二、相关编程知识

1. 外径粗车固定循环——G71

（1）指令动作特征

在图 4-2 中，C 是粗车循环的起点，Δd 是切削深度，e 是回刀时的径向退刀量。$\Delta u/2$ 是径向精车余量。Δw 是轴向精车余量。

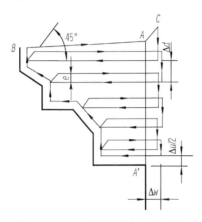

图 4-2　G71 循环指令加工示意图

（2）指令格式

```
G71 U(Δd) R(e);
G71 P(ns) Q(nf) U(Δu) W(Δw) F__ S__ T__;
```

其中：U（Δd）——每次吃刀深度；

　　　R（e）——回退量；

　　　P（ns）——精加工路径第一个程序段的顺序号；

　　　Q（nf）——精加工路径最后一个程序段的顺序号；

　　　U（Δu）——径向（X 轴方向）的精车余量（直径值）；

　　　W（Δw）——轴向（Z 轴方向）的精车余量。

（3）重要说明

1）在使用 G71 进行粗加工时，只有含在 G71 程序段或前面程序段中的 F、S、T 功能才有效。而包含在 ns～nf 程序段中的 F、S、T 功能，即使被指定对粗车循环也无效。

2）A'—B 零件轮廓必须符合 X 轴、Z 轴方向同时单调增大或单调减少。

3）A—A' 之间的刀具轨迹在顺序号为 ns 的程序段中用 G00 或 G01 指定，且在该程序段中不能指定沿 Z 轴方向的移动，即第一段刀具移动指令必须垂直于 Z 方向，车削过程中是平行于 Z 轴方向进行的。

4）精加工余量 Δu 和 Δw 的符号与刀具轨迹移动的方向有关，即沿刀具轨迹方向移动时如果 X 方向坐标值单调增加，则 Δu 为正，相反为负；如果 Z 方向坐标值单调减小，则 Δu 为正，相反为负。

5）在顺序号为 ns ～ nf 的程序段不能调用子程序。

6）G71 指令不适合加工凹槽。

2．精加工循环（G70）

由 G71 完成粗加工后，可以用 G70 进行精加工。
指令格式：

    G70 P(ns) Q(nf) F_ ;

其中：ns——精加工路径第一个程序段的顺序号；

nf——精加工路径最后一个程序段的顺序号；

F——进给速度。

任务实施

试用外径粗加工复合循环指令 G71 编制图 4-3 所示零件的加工程序。要求循环起始点 A（46，3），切削深度为 1.5。X 方向精加工余量为 0.5mm（直径值），Z 方向精加工余量为 0.1mm，工件毛坯直径 45mm。

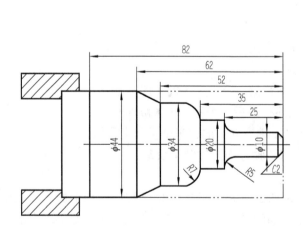

图 4-3　加工示例

参考程序如表 4-1 所示。

表 4-1　参考程序

程序	说明
O0001;	程序名
G98 M03 S600;	每分进给，主轴正转，转速 600r/min
T0101;	刀具选择
G00 X47 Z2;	快速点定位，工件加工起始点，
G71 U2 R0.5;	外径粗车循环 U：每次单边车深 2；R：退刀量 0.5
G71 P10 Q20 U0.5 W0.1 F100;	P10：精加工第一程序段号；Q20：精加工最后程序段号；U：直径精加工余量 0.5；W：Z 向精加工余量 0.1；F：进给速度
N10 G01 X6;	切入工件，开始切削
Z0;	
X10 Z−2;	
Z−20;	
G02 X20 Z−25　R5;	顺圆插补
G01 X20 Z−35;	
G03 X34 Z−42　R7;	逆圆插补
G01 X34 Z−52;	
X44 Z−62;	
X44 Z−82;	
N20 X47;	切削结束，刀具退出工件
G00 X100 Z100;	快速退刀
M05;	主轴停转
M00;	程序暂停，测量校正
M03 S1000;	主轴正转，转速 1000r/min
T0101;	刀具选择
G00 X47 Z2;	快速点定位，精加工起始点
G70 P10 Q20 F80;	外径精车循环
G00 X100 Z100;	快速退刀
M05 M09;	主轴停转，冷却液关
M30;	程序结束，返回程序头

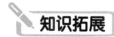 **知识拓展**

一、轴类零件的结构及功能

轴类零件为旋转体零件，其长度大于直径，加工表面通常有内、外圆柱面、圆锥面，以及螺纹、花键、键槽、沟槽等。在机械中主要用于支撑轴上零件，如齿轮、带轮、凸轮及连杆等传动件，起到传递转矩的作用。

二、常见轴类零件

轴类零件是机器中经常用到的典型零件之一。按结构形式不同，轴可以分为空心轴、光轴、偏心轴、台阶轴、曲轴、凸轮轴、各种丝杠等。其中，空心轴、光轴、偏心轴、台阶轴如图4-4所示。

（a）空心轴

（b）光轴

（c）偏心轴

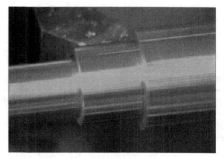
（d）台阶轴

图4-4　常见的各类轴

三、轴类零件的技术要求

1. 尺寸精度

起支承作用的轴颈为了确定轴的位置，通常对其尺寸精度要求较高（IT7～IT5），装配传动件的轴颈尺寸精度一般要求较低（IT9 ～ IT6）。

2．几何形状精度

轴类零件的几何形状精度主要是指轴颈、外锥面、莫氏锥孔等的圆度、圆柱度等，一般应将其公差限制在尺寸公差范围内。

3．相互位置精度

轴类零件的位置精度要求主要是由轴在机械中的位置和功用决定的。通常应保证装配传动件的轴颈对支承轴颈的同轴度要求,否则会影响传动件（齿轮等）的传动精度，并产生噪声。

4．表面粗糙度

一般与传动件相配合的轴径表面粗糙度值为 $Ra2 \sim 0.63\mu m$，与轴承相配合的支承轴径的表面粗糙度值为 $Ra0.63 \sim 0.16\mu m$。

四、轴零件的材料、毛坯

1．轴类零件的材料

一般轴类零件的材料常用 45 钢，通过正火、调质、淬火等不同的热处理工艺，获得一定的强度、韧性和耐磨性。

2．轴类零件的毛坯

轴类零件的毛坯有棒料、锻件和铸件三种。

🖊 操作练习

完成图 4-5 ～图 4-12 所示图样的车削编程练习。

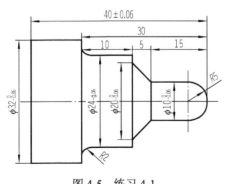

图 4-5　练习 4-1

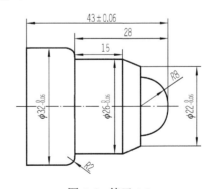

图 4-6　练习 4-2

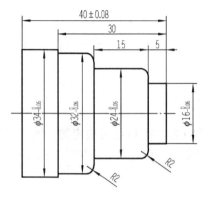

图 4-7　练习 4-3

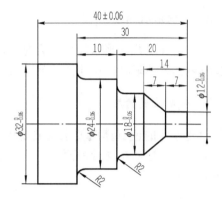

图 4-8　练习 4-4

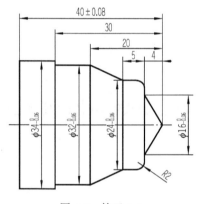

图 4-9　练习 4-5

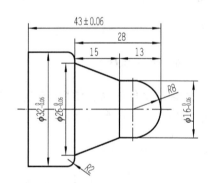

图 4-10　练习 4-6

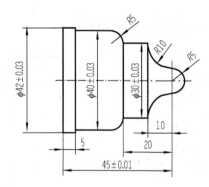

图 4-11　练习 4-7

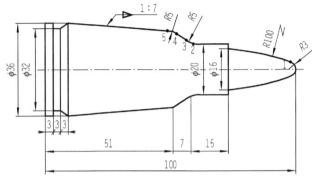

第1个点坐标：X=5.672,Z=-2.023
第2个点坐标：X=20.000,Z=-40.398
第3个点坐标：X=21.862,Z=-43.304
第4个点坐标：X=28.364,Z=-47.854
第5个点坐标：X=30.2,Z=-50.404

图 4-12　练习 4-8

任务二　使用端面粗车固定循环指令 G72 编程

任务目的

1．掌握盘类零件的加工工艺知识；
2．会用 G72/G70 循环指令与基本指令结合编制盘类零件外轮廓加工程序；
3．能进行盘类零件加工操作与程序的调试。

任务内容

1．了解 G72/G70 复合车削循环指令的格式；
2．使用 G72/G70 指令编写盘类零件加工程序；
3．完成盘类零件工件的加工。

任务准备

一、G72 指令的功能

端面粗车循环是一种固定循环。端面粗车循环适用于 Z 向余量小，X 向余量大的盘类零件的粗加工。

二、G72 端面粗车固定循环指令格式

如图 4-13 所示，工件成品轮廓形状为 $A'—B$，若留给精加工的余量为 $\Delta u/2$ 和 Δw，每次切削用量为 Δd，则指令格式：

```
G72  W(Δd)  R(e);
G72  P(ns)  Q(nf)  U(Δu)  W(Δw)  F(f)  S(s)  T(t);
```

其中：Δd——背吃刀量；

      e——退刀量；

      ns——精加工轮廓程序段中的开始程序段号；

      nf——精加工轮廓程序段中的结束程序段号；

      Δu——X 轴方向精加工余量；

      Δw——Z 轴方向的精加工余量；

      f——进给速度；

      s——主轴的转速；

      t——刀具号。

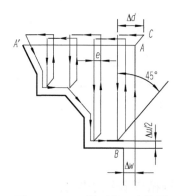

图 4-13　G72 循环走刀路线图

三、注意事项

1）在使用 G72 进行粗加工时，只有含在 G72 程序段或前面程序段中的 F、S、T 功能才有效。而包含在 ns ～ nf 程序段中的 F、S、T 功能，即使被指定对粗车循环也无效。

2）$A'—B$ 零件轮廓必须符合 X 轴、Z 轴方向同时单调增大或单调减少。

3）$A—A'$ 的刀具轨迹在顺序号为 ns 的程序段中用 G00 或 G01 指定，且在该程序段中不能指定沿 X 轴方向的移动，即第一段刀具移动指令必须垂直于 X 方向，车削过程中是平行于 X 轴方向进行的。

4）精车余量 Δu 和 Δw 的符号与刀具轨迹移动的方向有关，即沿刀具轨迹方向移

动时如果 X 方向坐标值单调增加，则 Δu 为负，相反为正；如果 Z 方向坐标值单调减小，则 Δu 为负，相反为正。

5）在顺序号为 ns ～ nf 的程序段不能调用子程序。

任务实施

运用端面粗加工循环指令编写图 4-14 数控加工程序。工件毛坯直径为 40mm，循环起点 A，加工轮廓为 $A'—B$。

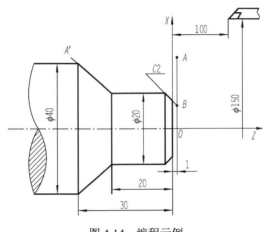

图 4-14　编程示例

参考程序如表 4-2 所示。

表 4-2　参考程序

程序	说明
O0002;	程序名
G98 M03 S600;	主轴正转，转速 600r/min
T0101;	刀具选择
G00 X41 Z1;	快速点定位，工件加工起始点
G72 U1 R0.5;	外径粗车循环 W：每次端面车深 1；R：退刀量 0.5
G72 P10 Q20 U0.1 W0.3 F100;	P10：精加工第一程序段号；Q20：精加工最后程序段号；U：直径精加工余量 0.1；W：Z 向精加工余量 0.3；F：进给速度
N10 G01 Z-30;	切入工件，开始加工，注意是 Z 向切入
X40;	从左往右编写加工轨迹
X20 Z-20;	

续表

程序	说明
Z-2;	
X16 Z0;	
N20 Z1;	加工结束，刀具退出工件
G00 X100 Z100;	退刀
M05;	主轴停转
M00;	程序暂停，测量校正
M03 S800;	主轴正转，转速800r/min
T0101;	刀具选择
G00 X41 Z1;	快速点定位，精加工起始点
G70 P10 Q20 F80;	外径精车循环
G00 X100 Z100;	退刀
M05 M09;	主轴停转，冷却液关
M30;	程序结束，返回程序头

 知识拓展

一、盘类零件的结构及功能

一般来说，盘类零件为回转体，其加工方法主要为车削加工和磨削加工。

在机械工程中，盘类零件通常还要与相应的轴类零件配合，并根据不同的要求，对轴类零件起支撑、连接或导向作用。为了满足与轴类零件的配合要求，盘类零件需要达到一定的技术要求，如形状精度、尺寸精度、位置精度及表面粗糙度等，特别是孔的加工精度要求更高。

盘类零件的形状是扁平的，结构上主要由端面、外圆内孔等组成，通常来说，零件的直径尺寸大于零件的轴向尺寸。此外，盘类零件上通常存在凹槽、凸台、销孔、螺孔等结构。盘类零件在机器中主要起支承、连接作用。盘类零件主要在车床上加工，主要加工面为外圆和内孔及其结合面。

二、常见盘类零件

盘类零件是机器中经常用到的典型零件之一。按结构形式不同，可以分为法兰盘、齿轮、带轮、发动机端盖等，如图4-15所示。

（a）法兰盘 （b）齿轮

（c）带轮 （d）端盖

图 4-15 常见盘类零件

三、盘类零件的主要技术要求

盘类零件技术要求与轴类零件相类似，加工时，盘类零件的技术要求主要包括尺寸精度、形状精度、位置精度及表面粗糙度。此外，为了提高零件的强度与韧性，往往需要进行调质处理；为了增加其耐磨性，有时还需要进行表面渗碳、淬火处理。

操作练习

完成图 4-16 和图 4-17 所示图样的车削编程练习。

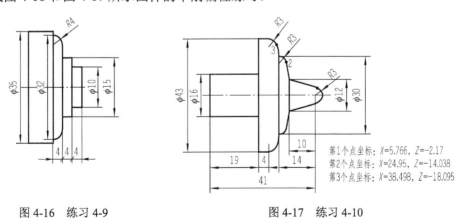

第1个点坐标：X=5.766，Z=-2.17
第2个点坐标：X=24.95，Z=-14.038
第3个点坐标：X=38.498，Z=-18.095

图 4-16 练习 4-9 图 4-17 练习 4-10

任务三　使用封闭切削循环指令G73编程

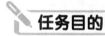

任务目的

1．知道复杂成形面的加工工艺知识；
2．会用 G73/G70 等指令编制成形面的加工程序；
3．能进行简单成型面工件程序的编制与加工操作。

任务内容

1．了解 G73/G70 封闭切削循环指令的格式；
2．使用 G73/G70 指令编写零件加工程序；
3．完成简单成型面工件的加工。

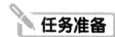

任务准备

一、G73 指令的功能

封闭切削循环是一种复合固定循环，其每次粗切的轨迹形状都和成品形状类似，只是在位置上由外向内环状地向最终形状靠近，因此适于对铸、锻毛坯切削，对零件轮廓的单调性则没有要求。

二、G73 封闭切削循环指令格式

如图 4-18 所示，工件成品形状为 A' —B，其指令格式：

```
G73  U(Δi)  W(Δk)  R(d);
G73  P(ns)  Q(nf)  U(Δu)  W(Δw)  F(f)  S(s)  T(t);
```

其中：Δi——X 轴向总退刀量（计算方法参考图 4-18）；

　　　Δk——Z 轴向总退刀量；

　　　d——重复加工次数；

　　　ns——精加工轮廓程序段中的开始程序段号；

　　　nf——精加工轮廓程序段中的结束程序段号；

　　　Δu——X 轴向精加工余量；

　　　Δw——Z 轴向精加工余量；

f ——进给速度；

s ——主轴的转速；

t ——刀具号。

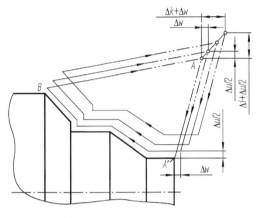

图 4-18　G73 车削路线示意图

三、X 向总退刀量 Δi 值的计算方法

X 向总退刀量 Δi 的值的计算方法如下：

$$X \text{向总退刀量} = （最大毛坯直径 - 零件轮廓最小直径）/2$$

【例 4-1】如图 4-9 所示，毛坯直径为 $\phi 20 \text{mm}$，试计算图中 X 向总退刀量 Δi 的值。

对于图 4-19（a），X 向总退刀量为

$$U=(20-0)/2=10（\text{mm}）$$

对于图 4-19（b），X 向总退刀量为

$$U=(20-8)/2=6（\text{mm}）$$

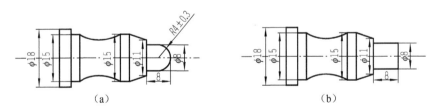

（a）　　　　　　　　　　　　　　（b）

图 4-19　G73 中 Δi 值计算

四、注意事项

1）G73 指令循环，可按同一轨迹（仿形）重复切削，每次切削刀具向前移动一次。

2）G73 指令可用于 X 方向尺寸并非逐渐增大或减小的零件，即中间有内凹或外凸的零件。

3）G71 只能用于加工单调性的零件，能用 G71 加工的零件，用 G73 也能加工。

4）G73 精车余量 Δu 和 Δw 的符号与 G71 指令的确定方法相同。

5）在顺序号为 ns ～ nf 的程序段不能调用子程序。

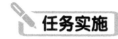

运用封闭切削循环 G73/G70 指令编写图 4-20 数控加工程序，毛坯直径为 $\phi 35mm$，未注倒角 $C1$。

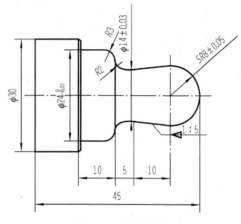

图 4-20　编程示例

参考程序如表 4-3 所示。

表 4-3　参考程序

程序	说明
O0003;	程序名
G98 M03 S600;	主轴正转，转速 600r/min
T0101;	刀具选择
G00 X37 Z2;	快速点定位，工件加工起始点
G73 U17.5 R10;	外径粗车循环 U：毛坯余量 =（35-0）/2；R：需 10 次循环
G73 P10 Q20 U0.5 W0.1 F100;	P10：精加工第一程序段号；Q20：精加工最后程序段号；U：直径精加工余量 0.5；W：Z 向精加工余量 0.1；F：进给速度
N10 G01 X0;	切入工件，开始加工
Z0;	
G03 X16 Z-8 R8;	
G01 X14 Z-18;	
Z-21;	
G02 X18 W-2 R2;	

程序	说明
G03 X24 W–3 R3;	
X28;	
X30 W–1;	
Z–45;	
N20 X35;	加工结束，刀具退出工件
G00 X100 Z100;	快速退刀
M05;	主轴停转
M00;	程序暂停，测量校正
M03 S800;	主轴正转，转速 800r/min
T0101;	刀具选择
G00 X37 Z2;	快速点定位，精加工起始点
G70 P10 Q20 F80;	外径精车循环
G00 X100 Z100;	快速退刀
M05 M09;	主轴停转，冷却液关
M30;	程序结束，返回程序头

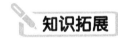 **知识拓展**

一、铸件

铸件是用各种铸造方法获得的金属成型物件，即把冶炼好的液态金属，用浇注、压射、吸入或其他浇铸方法注入预先准备好的铸型中，冷却后经打磨等后续加工手段后，所得到的具有一定形状、尺寸和性能的物件。

二、铸件历史

铸件应用历史悠久。古代人们用铸件作一些生活用具。近代，铸件主要用作机器零部件的毛坯，有些精密铸件也可直接用作机器的零部件。铸件在机械产品中占有很大的比重，如拖拉机中，铸件重量占整机重量的 50%～70%，农业机械中占 40%～70%，机床、内燃机等中达 70%～90%。各类铸件中，以机械用的铸件品种最多，形状最复杂，用量也最大，约占铸件总产量的 60%。其次是冶金用的钢锭模和工程用的管道，以及生活中的一些工具。

铸件也与日常生活有密切关系。例如，经常使用的门把、暖气片、上下水管道、铁锅等，都是铸件。图 4-21 所示为数控加工中常见的铸件。

（a）三通管　　　　　　　　　　　（b）球头轴铸件

（c）阀门　　　　　　　　　　　（d）端盖

图 4-21　数控加工中常见的铸件

三、铸件分类

铸件有多种分类方法，按其所用金属材料的不同，分为铸钢件、铸铁件、铸铜件、铸铝件、铸镁件、铸锌件、铸钛件等。而每类铸件又可按其化学成分或金相组织进一步分成不同的种类。例如，铸铁件可分为灰铸铁件、球墨铸铁件、蠕墨铸铁件、可锻铸铁件、合金铸铁件等；按铸件成型方法的不同，铸件可分为普通砂型铸件、金属型铸件、压铸件、离心铸件、连续浇注件、熔模铸件、陶瓷型铸件、电渣重熔铸件、双金属铸件等。其中，以普通砂型铸件应用最多，约占全部铸件产量的 80%；而铝、镁、锌等有色金属铸件多是压铸件。

四、铸件用途

铸件的用途非常广泛，已运用到五金及整个机械电子行业等，而且其用途正在成不断扩大的趋势。具体用到建筑、五金、设备、工程机械等大型机械、机床、船舶、航空航天、汽车、机车、电子、计算机、电器、灯具等行业，很多都是普通老百姓整天接触，但不了解的金属物件。

五、铸件主要技术要求

主要包括外观质量、内在质量和使用质量。外观质量指铸件表面粗糙度、表面缺陷、尺寸偏差、形状偏差、质量偏差；内在质量主要指铸件的化学成分、物理性能、力学性能、金相组织，以及存在于铸件内部的孔洞、裂纹、夹杂、偏析等情况；使用质量指铸件在不同条件下的工作耐久能力，包括耐磨、耐腐蚀、耐激冷激热、疲劳、吸震等性能，以及被切削性、可焊性等工艺性能。

铸件质量对机械产品的性能有很大影响。例如，机床铸件的耐磨性和尺寸稳定性，直接影响机床的精度保持寿命；各类泵的叶轮、壳体及液压件内腔的尺寸、型线的准确性和表面粗糙度，直接影响泵和液压系统的工作效率、能量消耗和气蚀的发展等；内燃机缸体、缸盖、缸套、活塞环、排气管等铸件的强度和耐激冷激热性，直接影响发动机的工作寿命。

操作练习

完成图 4-22 ～图 4-24 所示图样的车削编程练习。

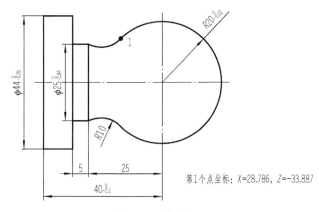

第1个点坐标：X=28.786，Z=-33.887

图 4-22　练习 4-11

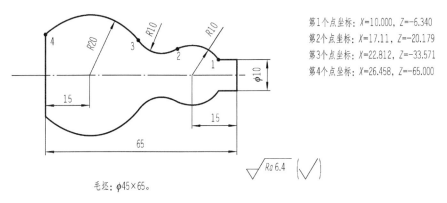

第1个点坐标：X=10.000，Z=-6.340
第2个点坐标：X=17.11，Z=-20.179
第3个点坐标：X=22.812，Z=-33.571
第4个点坐标：X=26.458，Z=-65.000

毛坯：φ45×65。

图 4-23　练习 4-12

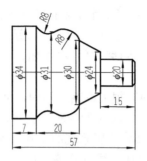

图 4-24　练习 4-13

任务四　使用切槽循环指令 G75 编程

任务目的

1. 掌握切槽循环指令 G75 的编程方法；
2. 掌握切槽加工工艺；
3. 会编写切槽加工程序。

任务内容

1. 了解 G75 切槽指令的格式；
2. 使用 G75 指令编写槽的加工程序；
3. 完成槽类零件的加工。

任务准备

一、G75 指令的功能

G75 指令主要用于加工径向环形槽。加工中，径向断续切削起到断屑、及时排屑的作用，特别是加工宽槽和深槽有利于简化编程。

二、G75 切槽循环指令格式

指令格式：

```
G75 R(e);
G75 X() Z() P(Δi) Q(Δk) R(Δd) F();
```

其中：e——退刀量，其值为模态值；

　　X（）、Z（）——切槽终点处的坐标；

　　Δi——X 方向的每次切深量，用不带符号的半径量表示；

　　Δk——刀具完成一次径向切削后，在 Z 方向的偏移量，用不带符号的值表示；

　　Δd——刀具在切削底部的 Z 向退刀量，无要求时可省略。

注意：在 FANUC 系统中，程序段中的 Δi、Δk 值，不能输入小数点，而直接输入最小编程单位。

例如，P1500 表示径向每次切深量为 1.5mm。

G75 指令的刀具轨迹如图 4-25 所示。

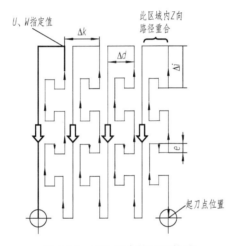

图 4-25　G75 指令的刀具轨迹

三、注意事项

1）Δi、Δk、Δd 的单位为最小编程单位（脉冲当量），且 Δi、Δk、Δd 为不带符号的值表示。

2）当 G75 指令中 Z（w）省略不写，刀具仅做 X 向进给而不做 Z 向偏移。

3）e 值大于每次切深量 Δi 会发生报警。

4）F 值应略小，进给太快不利于切削。

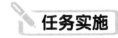
任务实施

运用切槽循环指令 G75 编写图 4-26 数控加工程序（切槽刀刀片宽 4mm）。

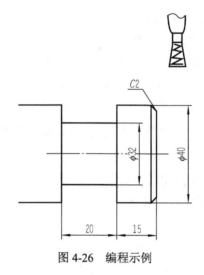

图 4-26　编程示例

参考程序如表 4-4 所示。

表 4-4　参考程序

程序	说明
O0004;	程序名
G98 M03 S500;	主轴正转，转速 500r/min
T0202;	刀具选择
G00 X42 Z-19;	快速点定位，选车刀左刀尖为对刀点
G75 R0.3;	切槽循环 R：退刀量 0.3
G75 X32 Z-35 P1500 Q3000 F50;	X，Z：槽终点坐标；P：每次 X 向步进 1.5mm；Q：每次 Z 向偏移量 3mm
G00 X100;	X 向退刀
Z100;	Z 向退刀
M05 M09;	主轴停转，冷却液关
M30;	程序结束，返回程序头

一、退刀槽

在车床加工中，如车削内孔、车削螺纹时，为便于退出刀具并将工序加工到毛坯底部，常在待加工面末端预先制出退刀的空槽，称为退刀槽。退刀槽和越程槽是在轴的根部和孔的底部做出的环形沟槽。为在加工时便于退刀，且在装配时与相邻零件保证靠紧，在台肩处应加工出退刀槽。沟槽的作用：一是保证加工到位，二是保证装配时相邻零件的端面靠紧。一般用于车削加工中的（如车外圆、镗孔等）称为退刀槽（图4-27），用于磨削加工中的称为砂轮越程槽（图4-28）。

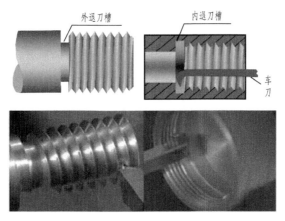

图4-27　螺纹退刀槽

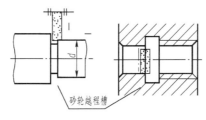

图4-28　砂轮越程槽

二、暂停延时指令 G04

本指令所需延时的时间，当程序执行到本程序段时，系统按所给定的时间延时，不做任何其他动作，延时结束再执行下一个程序段，G04为非模态指令，仅在其被指定的程序段中有效，如图4-29所示。

指令格式：

　　　G04 X___；

或

　　　G04 P___；

其中：X——暂停时间，s；

　　　P——暂停时间，ms。

例如，G04 X3；表示本段程序延时3s。

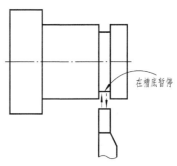

图4-29　G04指令示意图

注意：延时范围为 0.00 ～ 99.99s。

三、槽加工质量分析

在数控车床上加工槽时会产生加工误差，如槽宽及槽深达不到要求，槽底表面粗糙度达不到要求等。加工中出现的问题、产生的原因，以及可以采取的预防措施和消除措施见表 4-5。

表 4-5　槽加工质量分析

问题现象	产生原因	预防和消除
槽底有振纹	切槽刀刚性不足	换刚性好的切槽刀
	刀具伸出较长	减少伸出长度，增加装夹刚性
槽底面粗糙度超差	刀具磨钝	重新磨刀，更换刀片
槽尺寸不正确	切槽刀宽有误差	修改刀宽参数
	程序中终点坐标错误	修改程序
槽底直径不正确	对刀不正确	重新对刀
	刀具磨损	修改磨损值进行补偿

操作练习

完成图 4-30 和图 4-31 所示图样的车削编程练习。

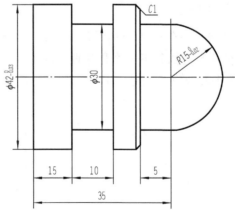

图 4-30　练习 4-14

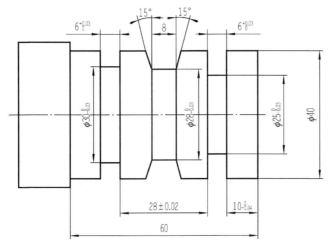

图 4-31　练习 4-15

思考与练习

一、填空题

1．固定循环一般分为单一形状固定循环和_____固定循环。

2．G71 指令格式中的 Δd 表示_____；Δu 表示_____；前者为半径量，后者为直径量；G72 指令格式中的 Δd 表示_____；Δw 表示_____。

3．_____指令适用于毛坯轮廓形状与零件轮廓形状基本接近的毛坯件的粗车，如一些锻件、铸件的粗车。

4．G73 指令格式中的 Δi 表示_____；Δk 表示_____；Δu 表示_____；Δw 表示_____。

5．G73 指令多用于_____和_____毛坯的零件加工。

6．"G04 X__；"指令格式中数值的单位为_____。

7．G04 为_____态指令。

8．格式 "G75 R(_e_); G75 X(U)　Z(W)　P(Δi)　Q(Δk)　F__；" 中的 e 是_____，单位为_____。

9．用增量方式编程时 "G75 U__　W__　P(Δi)　Q(Δk)　R(Δd)　F__；" 中的 U 是指从_____到_____点_____方向的增量，W 是指从_____到_____点_____方向的增量。

10．"G75 U__　W__　P(Δi)　Q(Δk)　R(Δd)　F__；" 中_____、_____是用无符号值来表示的。

二、选择题

11. 程序段 "G71 P35 Q60 U4.0 W2.0；" 中 P35 的含义是（　　）。

    A．精加工路径的最后一个程序段号

    B．最高转速

    C．精加工路径的第一个程序段号

    D．进刀量

12. 采用固定循环编程，可以（　　）。

    A．加快切削速度，提高加工质量

    B．缩短程序长度，减少程序所占内存

    C．减少换刀次数，提高切削速度

    D．减少吃刀深度，保证加工质量

13. 程序段 "G94 X30.0 Z-5.0 F100；" 中（　　）含义是端面车削的终点。

    A．X30.0　　　　　　　　　　　　B．X30.0 Z-5.0

    C．Z-5.0　　　　　　　　　　　　D．F100

14. 程序段 "G72 P(ns) Q(nf)__ U($\triangle$u) W($\triangle$w)；" 中，（　　）表示 X 轴方向上的精加工余量。

    A．$\triangle$w　　　　B．$\triangle$u　　　　C．ns　　　　D．nf

15. G73 指令格式中 $\triangle$d 的含义是（　　）。

    A．X 向总加工余量　　　　　　　B．Z 向总加工余量

    C．X 向退刀量　　　　　　　　　D．循环次数

16. 径向宽槽加工时，使用（　　）指令可简化编程，利于排屑。

    A．G72　　　　B．G73　　　　C．G74　　　　D．G75

17. 程序段 "G75 X(U) Z(W) P($\triangle$i) Q($\triangle$k)R__；" 中，（　　）表示径向的一次切入量。

    A．$\triangle$k　　　　B．$\triangle$i　　　　C．Z　　　　D．R

18. 程序段 "G75 X20.0 P5 F50;" 中，（　　）含义是沟槽直径。

    A．F50　　　　B．P5　　　　C．X20.0　　　　D．G75

19. 程序段 "G75 U-10.0 W-12.0 P500 Q3000 R0 F50;" 中，Q3000 的含义是在 Z 方向移动（　　）。

    A．3000mm　　　B．30mm　　　C．3mm　　　D．3cm

20. 镗刀右偏刀的刀尖方位号为（　　）。

    A．1　　　　B．2　　　　C．3　　　　D．4

三、问答题

21. 请写出 G71、G72、G73 三种复合循环指令的格式，并说说三种指令分别适合加工什么类型的零件。

22．G75 切槽循环的走刀路线有什么特点？

23．影响槽的尺寸加工精度的因素有哪些？如何预防和消除？

24．试比较一下 G90 和 G71 的编程格式和加工走刀路线，说说二者有何区别？

25．比较 G71 和 G73 两种切削循环指令，说说实际加工中应如何正确选用以提高加工效率？

项目五 螺纹轴车削编程及加工

————（实训 30 学时）————

知识目标

1. 了解螺纹的基本知识和尺寸标注方法；
2. 了解数控车螺纹加工的基本知识；
3. 熟悉螺纹尺寸参数和精度控制的方法；
4. 熟悉数控车圆弧插补指令 G02/G03 编程序的基本格式；
5. 熟悉数控车加工零件时换头加工的定位原则。

能力目标

1. 掌握数控车螺纹加工指令 G32 编程；
2. 掌握数控车螺纹单一循环指令 G92 的应用；
3. 零件双头加工时的工艺和长度精度的控制方法；
4. 能运用刀具半径补偿控制零件的精度；
5. 会设计并填写工艺文件。

任务一 使用 G92 指令编程

任务目的

1. 熟练和巩固数控车一般指令的使用方法；
2. 熟悉数控车车削螺纹的编程和加工方法；
3. 掌握运用各种测量手段检测工件精度的方法。

任务内容

1. 螺纹底径的计算方法；
2. 使用 G92 指令编写外螺纹加工程序；
3. 完成外螺纹工件加工。

任务准备

一、螺纹切削单一循环指令 G92

1）应用：该指令用于等螺距直螺纹、锥螺纹。

2）加工圆柱螺纹。

指令格式：

    G92 X(U)__Z(W)__ F__;

其中：X（U）、Z（W）——螺纹终点坐标值；

  F——螺纹的导程。

圆柱螺纹循环如图 5-1 所示。

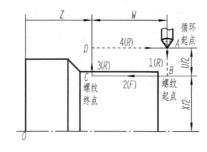

图 5-1　圆柱螺纹循环

3）加工锥螺纹。

指令格式：

      G92　X(U)__　Z(W)__　R__　F__；

其中：X（U）、Z（W）——螺纹终点坐标值；

      R——圆锥螺纹切削起点和切削终点的半径差，有正负号；

      F——螺纹的导程。

圆锥螺纹循环如图 5-2 所示。

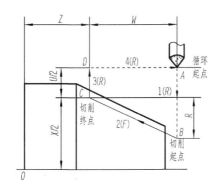

图 5-2　圆锥螺纹加工循环

4）注意事项：

① 在车螺纹期间进给速度倍率、主轴速度倍率无效（固定 100%）；

② 车螺纹时，必须设置升速段 L_1 和降速段 L_2，这样可避免因车刀升降速而影响螺距的稳定。通常 L_1、L_2 按下面公式计算：

$$L_1=n \cdot P/400$$

$$L_2=n \cdot P/1800$$

式中：n——主轴转速；

     P——是螺纹螺距。

由于以上公式所计算的 L_1、L_2 是理论上所需的进退刀量，实际应用时一般取值比计算值略大。

二、螺纹尺寸的计算方法

1）外螺纹大径：

$$实际大径 \ d= 公称直径 \ D-0.1P$$

2）外螺纹小径：

$$d_1=D-1.3P$$

例如，$M24×1.5$，则

$$大径 \ d=D-0.1P=24-0.1×1.5=23.85$$

小径 $d_1=D-1.3P=24-1.3\times1.5=22.05$

三、螺纹深度分层切削

通常螺纹牙型较深、螺距较大，可分几次进给。每次进给的背吃刀量用螺纹深度减去精加工背吃刀量所得的差按递减规律分配。米制螺纹切削的进给次数与背吃刀量可参考表 5-1 选取。

表 5-1 米制螺纹切削参数对照表

螺距		1.0	1.5	2.0	2.5	3.0	3.5	4.0
牙深		0.649	0.975	1.3	1.625	1.95	2.273	2.598
背吃刀量及切削次数	1 次	0.7	0.8	0.9	1.0	1.2	1.5	1.5
	2 次	0.4	0.6	0.6	0.7	0.7	0.7	0.8
	3 次	0.2	0.4	0.6	0.6	0.6	0.6	0.6
	4 次		0.15	0.4	0.4	0.4	0.6	0.6
	5 次		0.1	0.4	0.4	0.4	0.4	0.4
	6 次			0.15	0.4	0.4	0.4	0.4
	7 次				0.2	0.2	0.2	0.4
	8 次						0.15	0.3
	9 次							0.2

任务实施

编写图 5-3 所示 M24×1.5 螺纹加工程序。（螺纹大径 d 已加工至 $\phi23.85mm$。）

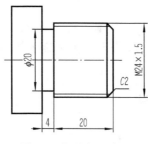

图 5-3 螺纹加工实例

1. 工艺分析

通过螺纹小径计算公式 $d_1=D-1.3P$ 计算，可得螺纹小径为 22.05mm，对照表 5-1，螺纹车削循环可分 4 次切完。

2．加工程序

螺纹加工程序如表 5-2 所示。

表 5-2　螺纹加工程序

程序	说明
O0001;	
T0101;	选用 1 号刀，1 号刀补
M03 S400;	主轴正转，转速 400r/min
G00 X27 Z2;	刀具快速移动到循环起点
G92 X23.2 Z-22 F1.5;	执行第一次 G92 循环，切除 0.6mm
X22.6;	第二次循环，再切除 0.6mm
X22.2;	第三次循环，再切除 0.4mm
X22.05;	第四次循环，再切除 0.15mm
X22.05;	精车一刀，消除让刀现象
G00 X100 Z100;	快速退刀
M05;	主轴停止
M30;	程序结束

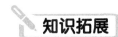 **知识拓展**

一、单行程螺纹切削指令 G32

1）指令格式：

```
G32 X(U)__ Z(W)__ F__;
```

其中：X（U）、Z（W）——螺纹段切削终点位置；

F——导程（单线螺纹时即为螺距）。

G32 走刀路线如图 5-4 所示。

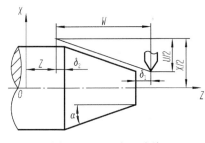

图 5-4　G32 走刀路线

2）编程注意事项：

① 螺纹切削应注意在两端设置足够的升速进刀段 δ_1 和降速退刀段 δ_2。

② G32 指令完成单行程螺纹切削，车刀进给运动严格根据输入的螺纹导程进行，但车入、切出、返回均需输入程序。如果螺纹牙型深度较深、螺距较大，可分数次进给，每次进给的背吃刀量用螺纹深度减去精加工背吃刀量所得的差按递减规律分配。

二、螺纹的检测方法

1．单项测量法

单项测量法是指测量螺纹的某一单项参数，一般是对螺纹大径、螺距和中径的分项测量。测量方法和选用的量具也不相同。

1）大径测量。螺纹大径公差较大，一般采用游标卡尺和千分尺测量。

2）螺距测量。螺距一般可用螺纹样板或钢直尺测量。

3）中径测量。对于精度较高的螺纹，必须测量中径。测量中径的常用方法是用螺纹千分尺测量和用三针测量法测量（比较精密）。三角形外螺纹的中径一般用螺纹千分尺测量。各种测量中径的工具和方法如图 5-5 所示。

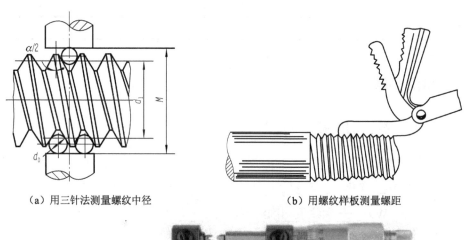

（a）用三针法测量螺纹中径　　　　　（b）用螺纹样板测量螺距

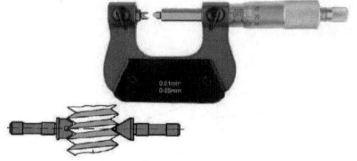

（c）用螺纹千分尺测量中径

图 5-5　各种测量中径的工具和方法

2．综合测量法

综合测量法是采用极限量规对螺纹的基本要素（螺纹大径、中径和螺距等）同时进行综合测量的一种测量方法，测量时外螺纹采用螺纹环规（图 5-6），内螺纹采用螺纹塞规（图 5-7）。综合测量法测量效率高，使用方便，能较好地保证互换性，广泛用于对标准螺纹或大批量生产螺纹的检测。

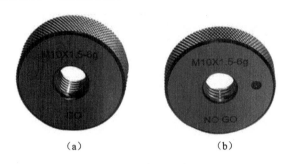

（a）　　　　　　　（b）

图 5-6　螺纹环规

图 5-7　螺纹塞规

操作练习

完成图 5-8～图 5-10 所示图样的车削编程练习。

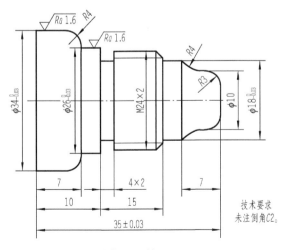

图 5-8　练习 5-1

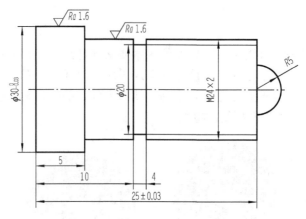

图 5-9　练习 5-2

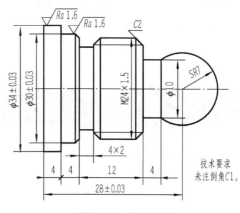

图 5-10　练习 5-3

任务二　掉头加工及编程

任务目的

1．熟悉常见回转体零件的数控车削加工工艺分析方法；
2．懂得加工顺序、走刀路径的安排和工量夹具的选择；
3．掌握切削用量的选择原则，能编制合理的加工工艺规程。

任务内容

1．编写加工工艺卡；

2．使用基本编程指令编写需掉头加工工件程序；

3．工件的检测和质量分析。

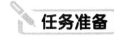 任务准备

一、数控车削加工工艺主要内容

1）分析被加工零件的工艺性。

2）拟定加工工艺路线，包括划分工序、选择定位基准、安排加工顺序等。

3）设计加工工序，包括选择工装夹具与刀具、确定走刀路径、确定切削用量等。

4）编制工艺文件。

二、数控车床加工工艺路线的拟定

1．工序的划分

（1）按安装次数划分工序

以每一次装夹作为一道工序。此种划分工序的方法适用于加工内容不多的零件。专用数控机床和加工中心常用此方法。

（2）按加工部位划分工序

按零件的结构特点分成几个加工部分，每一部分作为一道工序。

（3）按所用刀具划分工序

这种方法用于工件在切削过程中基本不变形、退刀空间足够大的情况。此时可以着重考虑加工效率，减少换刀时间和尽可能缩短走刀路线。刀具集中分序法是按所用刀具划分工序，即用同一把刀具或同一类刀具加工完成零件上所有需要加工的部位，以达到节省时间、提高效率的目的。

（4）按粗、精加工划分工序

对易变形或精度要求较高的零件常采用按粗、精加工划分工序的方法。这样划分工序一般不允许一次装夹就完成加工，而要求粗加工时留出一定的加工余量，重新装夹后再完成精加工。

2．加工顺序的安排

机械加工顺序的安排一般应遵循以下原则。

1）上道工序的加工不能影响下道工序的定位与夹紧。

2）以相同的安装方式或使用同一把刀具加工的工序，最好连续进行，以减少重新定位或换刀所引起的误差。

3）在同一次安装中，应先进行对工件刚性影响比较小的工序，确保工件在足够刚性条件下逐步加工完毕。

3．走刀路线的确定

（1）循环切除余量

数控车削加工过程一般要经过循环切除余量（粗加工）、半精加工和精加工三道工序，应根据毛坯类型和工件形状确定循环切除余量的方式，以达到减少循环走刀次数、提高加工效率的目的。

（2）确定退刀路线

数控机床加工过程中，为了提高加工效率，刀具从起始点或换刀点运动到接近工件部位及加工后退回起始点或换刀点是以 G00（快速点定位）方式运动的。退刀路线的原则：第一，确保安全性，即在退刀过程中不与工件发生碰撞；第二，考虑退刀路线最短，缩短空行程，提高生产效率。退刀路线分别如图 5-11 ～图 5-13 所示。

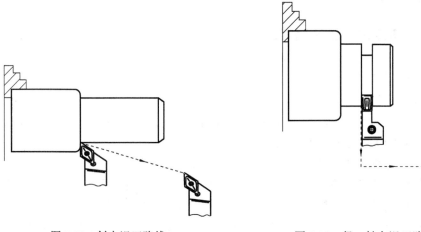

图 5-11　斜向退刀路线　　　　　　　　　图 5-12　径、轴向退刀路线

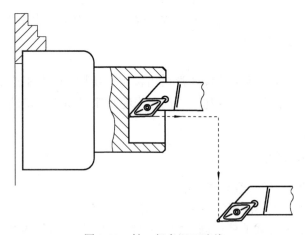

图 5-13　轴、径向退刀路线

4．切削用量的选择

切削用量包括切削速度、进给量和切削深度三要素。

（1）粗加工

粗加工时切削用量的选择一般考虑提高生产效率为主，兼顾经济性和加工成本。切削用量三要素中，切削速度对刀具耐用度影响最大，切削深度对刀具耐用度影响最小。因此考虑粗加工的切削用量时首先应选择一个尽可能大的切削深度，其次选择较大的进给量，最后在刀具耐用度和机床功率允许的条件下选择一个合理的切削速度。

（2）半精加工与精加工

半精加工、精加工时切削用量的选择要保证加工质量，兼顾生产效率和刀具使用寿命。其中切削深度的选择要根据零件加工精度、表面粗糙度要求和粗加工后所留余量决定。由于半精加工、精加工时切削深度较小，产生的切削力也较小，所以可在保证表面粗糙度的前提下适当加大进给量。

任务实施

如图 5-14 所示，要求使用掉头装夹完成球头轴的加工。

1．工艺分析

该零件主要加工内容包括外圆粗、精加工，切断的加工。参考工艺如下。

（1）工序安排

根据工件轮廓可知，该工件一次装夹无法完成所有轮廓车削，故需分两次装夹掉头加工。通过观察工件尺寸可知，该工件应先加工左端，取总长切断后，掉头装夹直径 26mm 外圆面，然后加工右端。

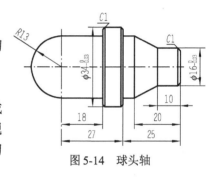

图 5-14　球头轴

（2）零件左端加工

左端加工较简单，只需夹住毛坯外圆，留够长度余量，粗精加工后取总长65mm切断。

（3）零件右端加工

1）编程时，尽量把两头的程序分解开。因为太多的内容编在一个程序里，不容易修改。加工完一边，工件掉头的时候只需要对一下 Z 向，X 向不用对。因为 X 向的位置已经确定，但是工件一掉头，Z 向就没法保证，所以只对 Z 向。

2）考虑到仅夹持 18mm 的工艺台阶，工件悬伸量较大，易产生"让刀"现象，故尽量采用一夹一顶的装夹方式加工。为避免已加工好的表面被夹坏，可采用铜片垫夹。

3）两端外轮廓包含圆弧和圆锥面，为避免"欠切"和"过切"现象的产生，程序中应采用刀尖圆弧半径补偿功能。

2．刀具选择

刀具选用卡如表 5-3 所示。

表 5-3 刀具选用卡

序号	刀具号	刀具类型	刀具半径 /mm	数量	加工表面	备注
1	T0101	93° 外圆刀	0.4	1	外圆、端面	刀尖角 35°

3．切削参数

加工工艺卡如表 5-4 所示。

表 5-4 加工工艺卡

实训项目			项目五	零件图号	5-11	系统	FANUC 0i

装夹定位简图

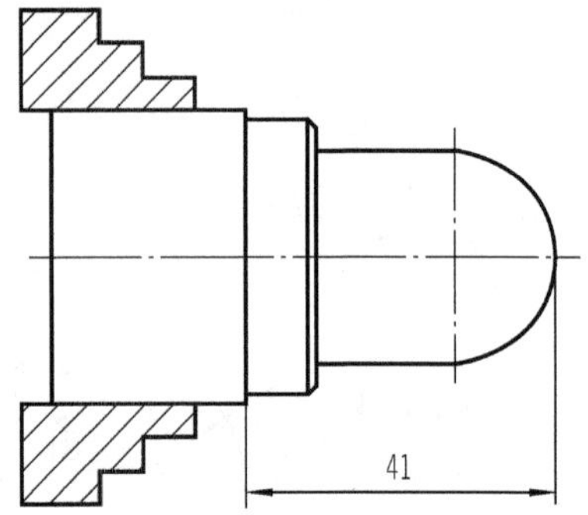

（a）　　　　　　　（b）

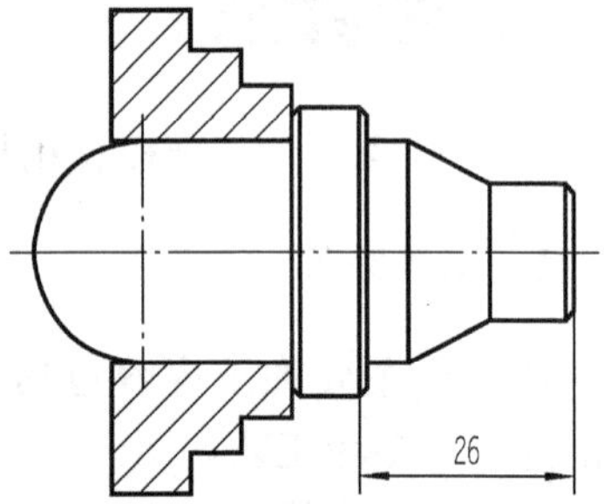

工序	工步	工步内容	刀具号	切削用量		
				主轴转速 / (r/min)	进给速度 / (mm/min)	切削深度 /mm
1	1	按图（a）所示装夹工件，平整端面、对刀	T0101	600	手轮	—
	2	粗、精车右端外圆、圆弧	T0101	600/1000	100/80	2/0.5
2	1	工件掉头装夹如图（b）所示，平端面，保证总长	T0101	600	手轮	—
	2	粗、精车圆柱及锥面	T0101	600/1000	100/80	2/0.5

4．参考程序

参考程序如表 5-5 所示。

表 5-5 参考程序

程序	说明
O0001（左端）;	左端粗加工复合循环及精加工程序
G98 M03 S600;	主轴正转，转速 600r/min

续表

程序	说明
T0101;	刀具选择
G00 X37 Z2;	快速点定位，工件加工起始点
G71 U2 R0.5;	外径粗车循环 U：每次单边车深；R：单边退刀量
G71 P10 Q20 U0.5 W0.1 F100;	P10：精加工第一程序段号；Q20：精加工最后程序段号；U：直径双边精加工余量；W：Z向精加工余量；F：粗车进给量
N10 G01 X0;	切入工件，开始加工
Z0;	
G03 X26 Z−13 R13;	逆圆插补加工 R13 圆弧
G01 Z−31;	
X32;	
X34 Z−32;	倒角 C1
Z−40;	
N20 X37;	加工结束，刀具退出工件
G00 X100 Z100;	快速退刀
M05;	主轴停转
M00;	程序暂停，测量校正
M03 S1000;	主轴正转，转速 800r/min
T0101;	刀具选择
G00 X37 Z2;	快速点定位，精加工起始点
G70 P10 Q20 F80;	外径精车循环
G00 X100 Z100;	快速退刀
M05 M09;	主轴停转，冷却液关
M30;	程序结束，返回程序头
O0002（右端）;	
G98 M03 S600;	主轴正转，转速 600r/min
T0101;	刀具选择
G00 X37 Z2;	快速点定位，工件加工起始点
G71 U2 R0.5;	外径粗车循环 U：每次单边车深；R：单边退刀量
G71 P30 Q40 U0.5 W0.1 F100;	P30：精加工第一程序段号；Q40：精加工最后程序段号；U：直径双边精加工余量；W：Z向精加工余量；F：粗车进给量
N30 G01 X14;	切入工件，开始加工
Z0;	
X16 Z−1;	

续表

程序	说明
Z-10;	
X26 Z-20;	
Z-25;	
X32;	
X34 Z-26;	
N40 X37;	加工结束，刀具退出工件
G00 X100 Z100;	快速退刀
M05;	主轴停转
M00;	程序暂停，测量校正
M03 S1000;	主轴正转，转速 800r/min
T0101;	刀具选择
G00 X37 Z2;	快速点定位，精加工起始点
G70 P30 Q40 F80;	外径精车循环
G00 X100 Z100;	快速退刀
M05 M09;	主轴停转，冷却液关
M30;	程序结束，返回程序头

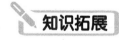 **知识拓展**

一、数控加工工艺的内容及特点

1. 数控加工工艺内容

数控技术涉及数控加工设备，还包括数控加工工艺、工装和加工过程的自动控制等。所谓数控加工工艺，就是使用数控机床加工零件的一种工艺方法。拟定数控加工工艺是进行数控加工的一项基础性工作，其内容包括：

1）通过数控加工的适应性分析，选择数控加工的零件及内容。
2）结合加工表面的特点和数控设备的功能对零件进行数控加工的工艺分析。
3）进行数控加工的工艺设计。
4）根据编程的需要，对零件图形进行数学处理。
5）编写加工程序单（自动编程时为源程序，由计算机自动生成加工程序）。
6）校对与修改加工程序。
7）首件试加工，并对现场问题进行处理。
8）编制数控加工工艺技术文件，如数控加工工序卡、程序说明卡、走刀路线图等。

2．数控加工的特点

数控加工工序内容具体、复杂、严密，工序集中；其加工精度不仅取决于加工过程，还取决于编程（存在逼近误差、圆整化误差、插补误差）。

（1）优点

1）自动化程度高。

2）加工的零件一致性好，质量稳定。

3）生产效率较高。

4）便于产品研制。

5）便于实现计算机辅助设计与制造一体化。

（2）缺点

1）加工成本一般较高。

2）只适用于多品种小批量或中批量生产。

3）维修困难。

二、数控加工的工艺分析与设计

1．数控加工工艺合理性分析

（1）适合数控加工的零件

1）形状复杂、精度高、通用机床难以加工的零件。

2）用数学模型描述曲线曲面轮廓的零件。

3）难检测、难控制进给和尺寸的内腔壳体。

4）必须一次装夹完成多种工序加工的零件。

5）用通用机床加工效率低、劳动强度大的零件。

6）需要多次改形的零件。

（2）数控机床的选择

1）旋转零件的加工：数控车床、数控磨床。

2）平面与曲面轮廓零件的加工：数控铣床、加工中心。

3）孔系零件的加工：数控钻床、数控镗床。

4）模具型腔的加工：数控铣床、数控电火花。

2．零件图工艺性分析

零件图工艺性分析包括加工精度及技术要求分析、零件轮廓几何要素分析、零件图中尺寸标注分析和零件结构的工艺性分析。

3．零件加工条件分析与毛坯的确定

毛坯的形状和尺寸主要由零件表面的形状、结构、尺寸及加工余量等因素确定，并尽量与零件相接近，以减少机械加工的劳动量，力求达到少或无切削加工。

4．选择定位基准，拟定零件加工工艺路线

正确选择定位基准对保证零件表面的位置要求（位置尺寸和位置精度）和安排加工顺序都有很大的影响。用夹具装夹时，定位基准的选择还会影响夹具的结构。因此，定位基准的选择是一个很重要的工艺问题。

用未加工的毛坯表面作定位基准，这种基准称为粗基准；用加工过的表面作定位基准，则称为精加工基准。

在选择定位基准时，是从保证工件精度要求出发的，因而分析定位基准选择的顺序就应从精基准到粗基准。

5．零件的工艺性分析

1）零件图样上尺寸数据的给出应符合编程方便的原则。

① 零件图上尺寸标注方法应适应数控加工的特点。

② 构成零件轮廓的几何元素的条件应充分。

2）零件各加工部位的结构工艺性应符合数控加工的特点。

① 零件的内腔和外形最好采用统一的几何类型和尺寸，这样可以减少刀具规格和换刀次数，使编程方便，生产效益提高。

② 内槽圆角的大小决定着刀具直径的大小，因而内槽圆角半径不应过小。

三、机械加工工艺卡分类

1．机械加工工艺过程卡（工艺路线卡）

机械加工工艺过程卡规定整个生产过程中产品（或零件）所要经过的车间、工序等总的加工路线及所有使用的设备和工艺装备，可以作为工序卡片的汇总文件，如表5-6所示。

表5-6　机械加工工艺过程卡

工厂	机械加工工艺过程卡片		产品型号		零（部）件图号		共　页
			产品名称		零（部）件名称		第　页
材料牌号		毛坯种类	毛坯外形尺寸		每毛坯件数		每台件数	备注
工序号	工序名称	工序内容		车间	工段	设备	工艺装备		工时	
									准终	单件
							编制（日期）	审核（日期）	会签（日期）	
标记	处记	更改文件号	签字	日期	标记	处记	更改文件号	签字	日期		

2．工艺卡

工艺卡是针对某一工艺阶段编制的一种加工路线工艺，它规定了零件在这一阶段的各道工序，以及使用的设备、工装和加工规范，如锻压工艺卡、电镀工艺卡等。

3．工序卡

工序卡是规定某一工序内具体加工要求的文件。除工艺守则已做出规定的之外，一切与工序有关的工艺内容都集中在工序卡片上，如机加工工序卡、装配工序卡、操作指导卡等。

操作练习

完成图 5-15 ～图 5-20 所示图样的车削编程练习。

第 1 个点坐标：X=13.406, Z=-3.633
第 2 个点坐标：X=23.814, Z=-41.764

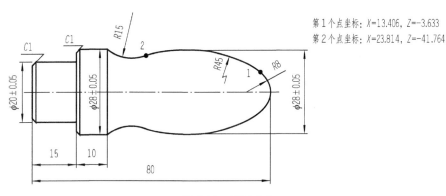

图 5-15　练习 5-4

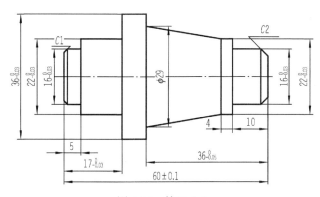

图 5-16　练习 5-5

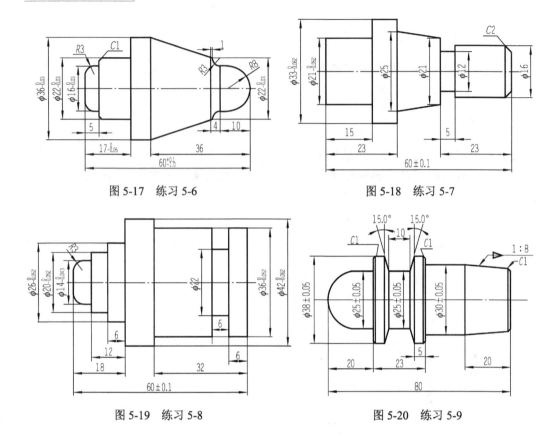

图 5-17　练习 5-6

图 5-18　练习 5-7

图 5-19　练习 5-8

图 5-20　练习 5-9

任务三　螺纹轴加工

任务目的

1. 熟悉常见回转体零件的数控车削加工工艺分析方法；
2. 掌握螺纹轴的加工工艺安排和工量夹具的选择；
3. 通过螺纹轴实例加工，提高编程能力和操作水平。

任务内容

1. 编写螺纹轴加工工艺卡；
2. 综合运用编程知识完成螺纹轴数控加工程序；
3. 运用精密量具完成工件的检测和质量分析。

任务准备

如图 5-21 所示,要求根据图样尺寸和表面粗糙度加工要求,通过使用多把刀具和多道工序完成螺纹轴的加工,并进行精度检测,毛坯为 $\phi45\text{mm}\times90\text{mm}$ 铝棒。

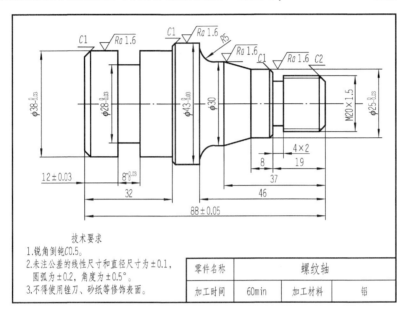

图 5-21 螺纹轴

任务实施

1. 工艺分析

该零件主要加工内容包括外圆粗、精加工,切槽及外螺纹的加工。参考工艺如下。

(1) 工序安排

根据工件轮廓可知,该工件一次装夹无法完成所有轮廓车削,故需分两次装夹掉头加工。通过观察工件轮廓尺寸可知,为便于装夹,该工件应先加工左端,掉头装夹直径 $\phi38\text{mm}$ 外圆面,然后加工右端。

(2) 零件左端加工

左端加工较简单,只需夹住毛坯外圆,先用外圆车刀粗、精加工左端 $\phi38\text{mm}$、$\phi43\text{mm}$ 外圆至精度,车削长度为 43mm(注意计算工件夹持长度,使车刀与卡盘保持大于 5mm 的安全距离);然后换切槽刀粗、精车 $\phi28\text{mm}$ 槽至尺寸,注意运用合理的切削参数,优化切槽程序,以达到表面质量的要求。

(3) 零件右端加工

工件掉头装夹找正,使用外圆车刀车端面,控制总长 $88\pm0.05\text{mm}$;再粗、精加工

右端 ϕ19.8mm、ϕ25mm、ϕ30mm 外圆至尺寸精度（外螺纹大径经计算为 ϕ19.8mm）；然后换切槽刀完成螺纹退刀槽 4mm×2mm 的加工；最后用螺纹车刀粗、精车 M20×1.5mm 外螺纹，并使用螺纹环规进行精度控制。

加工后的零件实际效果图如图 5-22 所示。

图 5-22　螺纹轴加工后的效果

2．刀具选择

刀具选用卡如表 5-7 所示。

表 5-7　刀具选用卡

序号	刀具号	刀具类型	刀具半径 /mm	数量	加工表面	备注
1	T0101	93°外圆刀	0.4	1	外圆、端面	刀尖角 35°
2	T0202	切槽刀	0.2	1	槽	刀宽 4mm
3	T0303	外螺纹刀	—	1	外螺纹	牙型角 60°

3．切削参数

具体切削参数及加工顺序如表 5-8 和表 5-9 所示。

表 5-8　加工工艺卡

实训项目		项目五	零件图号	5-12	系统	FANUC 0i
装夹定位简图	（a）43			（b）46		

工序	工步	工步内容	刀具号	切削用量		
				主轴转速 /（r/min）	进给速度 /（mm/min）	切削深度 /mm
1	1	按图（a）所示装夹工件，平整端面、对刀	T0101	600	手轮	0.2
	2	粗、精车左端外圆	T0101	600/800	100/80	2/0.5
	3	粗、精车左端ϕ28mm 槽	T0202	400	40	每次 1.5
2	1	工件掉头装夹如图（b）所示，平端面，保证总长 88mm	T0101	600	手轮	—
	2	粗、精车右端圆柱、锥面及 R5mm	T0101	600/800	100/80	2/0.5
	3	加工 4mm×2mm 螺纹退刀槽	T0202	400	手轮	—
	4	粗、精车 M20×1.5 螺纹	T0303	400	1.5	0.975

表 5-9　加工工序图例

步骤	图例	说明
1. 平端面，对刀		用 93°外圆车刀车端面约 0.2mm，对刀找正
2. 粗、精车左端外圆		用 93°外圆车刀粗、精车左端ϕ38mm、ϕ43mm 外圆至尺寸，加工长度至 43mm
3. 粗、精车左端槽		用刀宽为 4mm 的车断刀粗、精车左端ϕ28mm×8mm 槽

步骤	图例	说明
4. 掉头装夹		掉头装夹，找正，车端面保证总长 88mm
5. 粗、精车右端外圆		用 93° 外圆车刀粗、精车右端螺纹大径 ϕ20mm、ϕ25mm 外圆、锥面、ϕ30mm 外圆及 R5mm 圆角至尺寸
6. 车螺纹退刀槽		用刀宽为 4mm 车断刀车右端 4mm×2mm 螺纹退刀槽
7. 粗、精车螺纹		用 60° 外螺纹车刀粗、精加工 M20×1.5mm 螺纹，并用止通规检测

4. 参考程序

参考程序如表 5-10 所示。

表 5-10 参考程序

程序	说明
O0001;	左端外轮廓，左端粗加工复合循环及精加工程序
G98 M03 S600;	主轴正转，转速 600r/min
T0101;	刀具选择
G00 X47 Z2;	快速点定位，工件加工起始点
G71 U2 R0.5;	外径粗车循环 U：每次单边车深；R：单边退刀量
G71 P10 Q20 U0.5 W0.1 F100;	P10：精加工第一程序段号；Q20：精加工最后程序段号；U：直径双边精加工余量；W：Z 向精加工余量；F：粗车进给量
N10 G01 X0;	切入工件，开始加工
Z0;	
G01 X36;	
X36 W-1;	倒角 C1
Z-32;	
X41;	
X43 W-1;	倒角 C
Z-43;	
N20 X47;	加工结束，刀具退出工件
G00 X100 Z100;	快速退刀
M05;	主轴停转
M00;	程序暂停，测量校正
M03 S1000;	主轴正转，转速 800r/min
T0101;	刀具选择
G00 X47 Z2;	快速点定位，精加工起始点
G70 P10 Q20 F80;	外径精车循环
G00 X100 Z100;	快速退刀
M05 M09;	主轴停转，冷却液关
M30;	程序结束，返回程序头
O0002;	左端切槽程序名
G98 M03 S500;	主轴正转，转速 500r/min
T0202;	刀具选择
G00 X42 Z-16;	快速点定位，选车刀左刀尖为对刀点
G75 R0.3;	切槽循环 R：退刀量 0.3

程序	说明
G75 X28.2 Z-20 P1500 Q3000 F50;	X，Z：槽终点坐标；P：每次 X 向步进 1.5mm；Q：每次 Z 向偏移量 3mm
G01 X28;	槽底精加工
W-4;	
X42;	
G00 X100;	X 向退刀
Z100;	Z 向退刀
M05 M09;	主轴停转，冷却液关
M30;	程序结束，返回程序头
O0003;	右端外轮廓
G98;	每分进给模式
M03 S600;	主轴正转，转速 600r/min
T0101;	刀具选择
G00 X47 Z2;	快速点定位，工件加工起始点
G71 U2 R0.5;	外径粗车循环 U：每次单边车深；R：单边退刀量
G71 P30 Q40 U0.5 W0.1 F100;	P30：精加工第一程序段号；Q40：精加工最后程序段号；U：直径双边精加工余量；W：Z 向精加工余量；F：粗车进给量
N30 G01 X16;	切入工件，开始加工
Z0;	
X19.8 Z-2;	
Z-19;	
X23;	
X25 W-1;	
Z-27;	
X30 Z-37;	
Z-41;	
G02 X40 Z-46 R5;	
G01 X42;	
X43 W-0.5;	锐角倒钝 C0.5
N40 X47;	加工结束，刀具退出工件
G00 X100 Z100;	快速退刀
M05;	主轴停转

程序	说明
M00;	程序暂停，测量校正
M03 S1000;	主轴正转，转速 800r/min
T0101;	刀具选择
G00 X47 Z2;	快速点定位，精加工起始点
G70 P30 Q40 F80;	外径精车循环
G00 X100 Z100;	快速退刀
M05 M09;	主轴停转，冷却液关
M30;	程序结束，返回程序头
O0004;	右端外螺纹
T0303;	选用 1 号刀，1 号刀补
M03 S400;	主轴正转，转速 400r/min
G00 X22 Z2;	刀具快速移动到循环起点
G92 X19.2 Z−17 F1.5;	执行第一次 G92 循环，切除 0.6mm
X18.6;	第二次循环，再切除 0.6mm
X18.2;	第三次循环，再切除 0.4mm
X18.05;	第四次循环，再切除 0.15mm
X18.05;	精车一刀，消除让刀现象
G00 X100 Z100;	快速退刀
M30;	程序结束

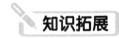**知识拓展**

1. 刀尖圆弧半径补偿功能

数控程序一般是针对刀具上的某一点（即刀位点），按工件轮廓尺寸编制的。车刀的刀位点一般为理想状态下的假想刀尖 A 点或刀尖圆弧圆心 O 点，如图 5-23 所示。但实际加工中的车刀，由于工艺或其他要求，刀尖往往不是一理想点，而是一段圆弧。当切削加工时，刀具切削点在刀尖圆弧上变动造成实际切削点与刀位点之间的位置有偏差，故造成欠切或过切，如图 5-24 所示。这种由于刀尖不是一理想点而是一段圆弧造成的加工误差，可用刀尖圆弧半径补偿功能来消除，如图 5-25 所示。

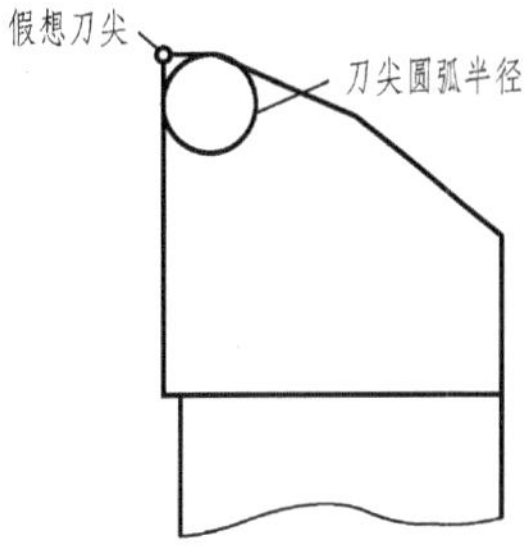

图 5-23　假想刀尖

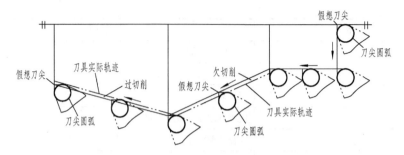

图 5-24 加工锥面时欠切与过切现象

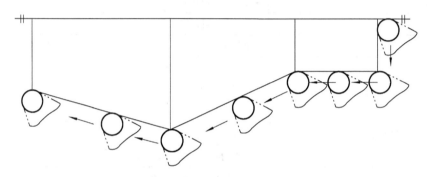

图 5-25 采用刀尖圆弧半径补偿后的刀具轨迹

2．刀尖圆弧半径补偿指令

（1）刀具半径左补偿指令 G41

沿刀具运动方向看，刀具在工件左侧时，称为刀具半径左补偿，如图 5-26 所示。

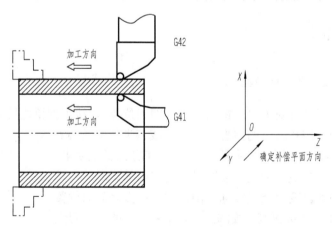

图 5-26 刀具半径补偿方向判断

指令格式：

```
G41 G01(G00) X(U)__ Z(W)__ F__;
```

（2）刀具半径右补偿指令 G42

沿刀具运动方向看，刀具在工件右侧时，称为刀具半径右补偿，如图 5-17 所示。

指令格式：

```
G42 G01(G00) X(U)__ Z(W)__ F__;
```

（3）取消刀具半径补偿指令 G40

指令格式：

```
G40 G01(G00) X(U)__ Z(W)__;
```

3．刀具半径补偿的过程

刀具半径补偿的过程分为三步：

1）刀补的建立。刀具中心从与编程轨迹重合过渡到与编程轨迹偏离一个补偿量的过程。

2）刀补的运行。执行 G41 或 G42 指令的程序段后，刀具中心始终与编程轨迹相距一个补偿量。

3）刀补的取消。刀具离开工件，刀具中心轨迹过渡到与编程轨迹重合的过程。图 5-27 所示为刀补建立与取消的过程。

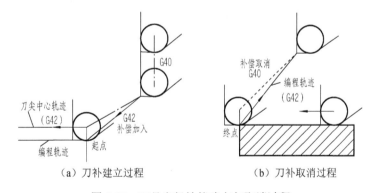

（a）刀补建立过程　　　　　　　　　（b）刀补取消过程

图 5-27　刀具半径补偿建立与取消过程

4．刀尖圆弧半径补偿注意事项

1）G41/G42 不带参数，其补偿号（代表所用刀具对应的刀尖半径补偿值）由 T 代码指定。其刀尖圆弧补偿号与刀具偏置补偿号对应。

2）刀尖半径补偿的建立与取消只能用 G00 或 G01 指令，不能用 G02 或 G03 指令。

刀尖圆弧半径补偿寄存器中，定义了车刀圆弧半径及刀尖的方向号。

车刀刀尖的方向号定义了刀具刀位点与刀尖圆弧中心的位置关系，其从 0～9 有 10 个方向，图 5-28 所示为不同刀尖方位所代表的补偿号。

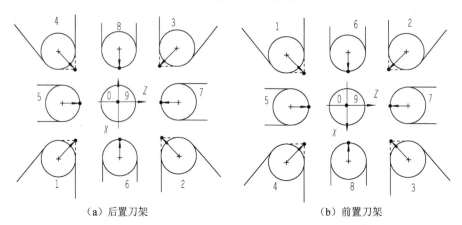

（a）后置刀架 　　　　　　　　　　　　　（b）前置刀架

图 5-28　刀尖方位号

【例 5-1】考虑刀尖半径补偿，编制图 5-29 所示圆弧轴头零件的精加工程序。

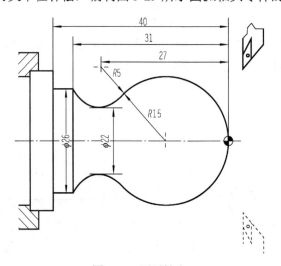

图 5-29　圆弧轴头

程序如下：

```
O0005;
N1 T0101;                    换一号刀，确定其坐标系
N2 M03 S600;                 主轴以 600r/min 正转
N3 G00 X40 Z2;               到程序起点位置
N4 G00 X0;                   刀具移到工件中心
```

```
N5 G01 G42 Z0 F100;        加入刀具圆弧半径补偿,工进接触工件
N6 G03 U24 W-24 R15;       加工 R15 圆弧段
N7 G02 X26 Z-31 R5;        加工 R5 圆弧段
N8 G01 Z-40               加工 φ26 外圆
N9 G00 X30;               退出已加工表面
N10 G40 X40 Z5;           取消半径补偿,返回程序起点位置
N11 M30;                  主轴停、主程序结束并复位
```

操作练习

完成图 5-30～图 5-39 所示图样的车削编程练习。

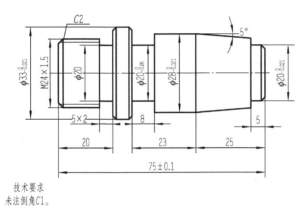

技术要求
未注倒角C1。

图 5-30　练习 5-10

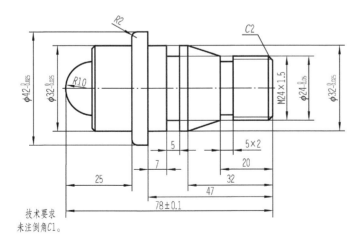

技术要求
未注倒角C1。

图 5-31　练习 5-11

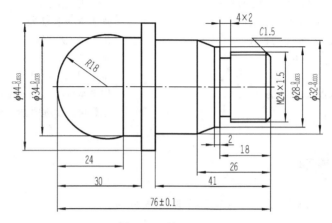

图 5-32　练习 5-12

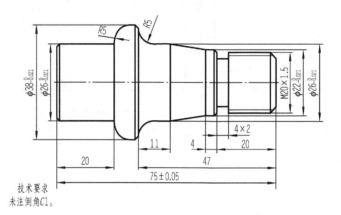

技术要求
未注倒角C1。

图 5-33　练习 5-13

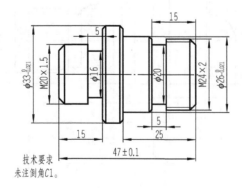

技术要求
未注倒角C1。

图 5-34　练习 5-14

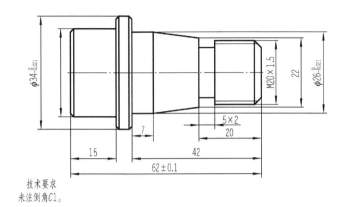

技术要求
未注倒角C1。

图 5-35 练习 5-15

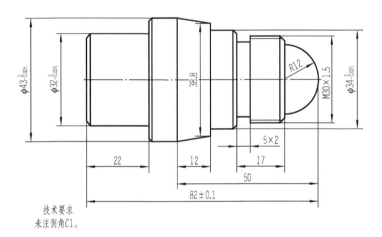

技术要求
未注倒角C1。

图 5-36 练习 5-16

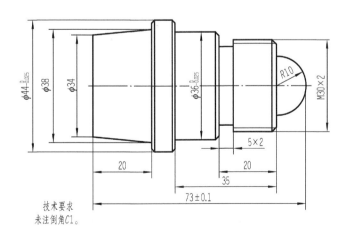

技术要求
未注倒角C1。

图 5-37 练习 5-17

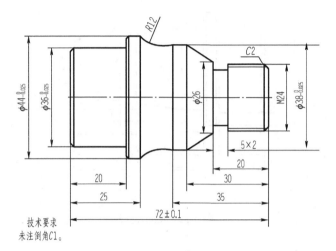

图 5-38　练习 5-18

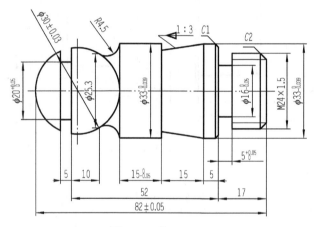

图 5-39　练习 5-19

思考与练习

一、判断题

1．用三针测量的目的主要是检验螺纹的牙型角和螺距。　　　　　　　　（　　）

2．当两螺纹的导程相同时，直径大的螺纹升角大。　　　　　　　　　　（　　）

3．左右切削法比直进法车出的螺纹牙型角正确。　　　　　　　　　　　（　　）

4．螺纹指令"G32 X41.0 W-43.0 F1.5;"是以 1.5mm/min 的速度加工螺纹。　（　　）

5．G94 是螺纹切削循环指令。　　　　　　　　　　　　　　　　　　　（　　）

二、选择题

6. 用带有径向前角的螺纹车刀车普通螺纹，磨刀时须使刀尖角（　　）牙型角。

  A. 大于   B. 等于

  C. 小于   D. 以上说法均不正确

7. 三角形普通螺纹的牙型角为（　　）。

  A. 30°   B. 40°   C. 55°   D. 60°

8. 高速车螺纹时，硬质合金车刀刀尖应（　　）螺纹的牙型角。

  A. 小于   B. 等于

  C. 大于   D. 小于或等于

9. 车削右旋螺纹时，主轴正转，车刀由右向左进给；车削左旋螺纹时，应该使主轴（　　）进给。

  A. 倒转，车刀由右向左   B. 倒转，车刀由左向右

  C. 正转，车刀由左向右   D. 正转，车刀由右向左

10. 螺纹加工中加工精度主要由机床精度保证的几何参数为（　　）。

  A. 大径   B. 中径   C. 小径   D. 导程

11. 下列指令中（　　）为车削螺纹指令。

  A. G01   B. G32   C. G94   D. G90

三、问答题

12. 外螺纹的检验方法有几种？

13. 怎样选择螺纹刀具？

14. 数控加工有何优点和缺点？

15. 数控加工工艺卡分几种？试参考操作练习题完成一张工序卡的制作。

项目六　内孔车削加工及编程

—————————（实训 12 学时）—————————

▷ 知识目标

1. 了解孔类零件的加工工艺知识；
2. 内孔刀具的认识与刀具形状的选择。

▷ 能力目标

1. 掌握内孔加工编程与进退刀点的设置；
2. 能运用 G71/G70 指令加工孔类零件。

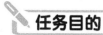

1．了解孔的加工方法；
2．学会使内孔编程指令。

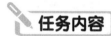

1．使用钻头预钻底孔；
2．使用 G71/G70 指令编写内孔加工程序；
3．完成内孔工件加工。

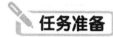

一、钻孔

用钻头在实体材料上加工孔的方法称为钻孔。

1．麻花钻的组成

麻花钻的组成如图 6-1 所示。

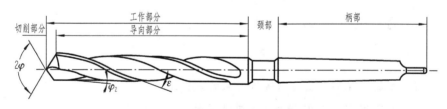

图 6-1　麻花钻的组成

2．麻花钻的安装与钻孔方法

麻花钻的安装与钻孔示意图如图 6-2 所示。

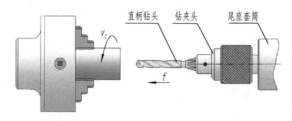

图 6-2　麻花钻的安装与钻孔示意图

二、车孔

1. 内孔车刀的安装

1）刀尖应与工件中心等高或稍高。

2）刀柄伸出刀架不宜过长。

3）刀柄基本平行于工件轴线。

4）盲孔车刀装夹时，主刀刃应与孔底平成3°～5°，在车平面时要求横向有足够的退刀余量。

2. 车削内孔的指令格式

```
G71 U__ R__;
G71 P__ Q__ U__ W__ F__;
```

其中：第二行中的 U 在固定循环编写内孔加工程序时，应注意其加工余量为负值。

3. 车孔的关键技术

（1）增加内孔车削的刚度

1）尽量选择粗的刀杆。

2）伸出长度尽可能短（一般比加工孔长 5～6mm），车孔前先用内孔刀在孔内试走一遍。

3）刀尖要对准工件中心，刀杆与轴线平行。

4）精车内孔时，应保持刀刃锋利，否则容易产生让刀现象，把孔车成锥形。

（2）控制切屑的流出方向来解决排屑问题

1）精车通孔时，要求采用正刃倾角，使切屑流向待加工表面（前排屑）。

2）加工盲孔时，采用负刃倾角，使切屑从孔口排出。

（3）零件内轮廓起刀点的设定

1）在加工零件外轮廓时，起刀点 X 方向往往比毛坯尺寸大 2mm；在加工零件内轮廓时，起刀点 X 方向要比麻花钻的底孔直径小 2mm。内孔车刀的刀杆直径也要比底孔直径小，一般比底孔直径小 2mm 就可以进刀，否则就会撞刀。同时，切削后退刀点 X 方向应小于最小内孔直径。

2）内孔车刀加工的内孔直径最好不要超过自身刀杆直径的 3 倍，否则容易引起振刀，破坏加工表面。

🔧 任务实施

要求使用内孔编程指令完成图 6-3 所示锥孔短轴零件的加工。

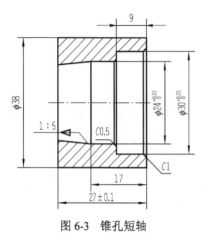

图 6-3　锥孔短轴

1．工艺分析

（1）确定装夹方案

工件毛坯为直径 40mm 的铝料，因工件只需单头加工，一次装夹即可完成加工。采用三爪自定心卡盘装夹，装夹面选择工件左端毛坯外圆，伸出长度大于 35mm。

（2）工件原点

以工件右端面与轴线交点为工件原点建立工件坐标系（采用试切对刀建立）。

2．刀具选择

刀具选用卡如表 6-1 所示。

表 6-1　刀具选用卡

序号	刀具号	刀具类型	刀具半径 /mm	数量	加工表面	备注
1	T0101	93° 外圆刀	0.4	1	外圆、端面	刀尖角 35°
2	T0202	外切槽刀	4mm 槽宽	1	切断	
3	T0303	内孔车刀	0.4	1	内孔及内锥	刀片选 TN60

3．切削参数

加工工艺卡片如表 6-2 所示。

表 6-2　加工工艺卡

	实训项目		项目六	零件图号	6-3	系统	FANUC 0i
装夹定位简图	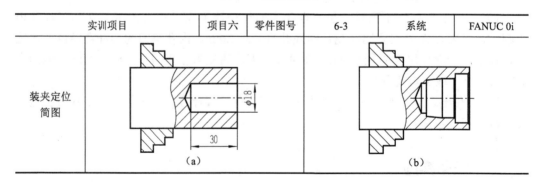						
	（a）				（b）		

工序	工步	工步内容	刀具号	切削用量		
				主轴转速 / (r/min)	进给速度 / (mm/min)	切削深度 /mm
1	1	按图（a）所示装夹工件，用外圆刀平整端面	T0101	1000	手轮	0.5
	2	用中心钻钻出中心孔	—	800	手轮	—
	3	用φ18mm麻花钻钻出底孔，长度钻到30mm左右	麻花钻	400	手轮	—
	4	如图（b）所示，粗、精车φ38mm外圆	T0101	600/1000	100/150	2/0.5
	5	用φ16mm内孔车刀依次粗、精车三个内孔及内锥	T0303	600/1000	100/150	1/0.5
	6	车断工件并保证总长27mm	T0202	400	手轮	—

4．参考程序

参考程序如表6-3所示。

表6-3 参考程序

程序	说明
O0001;	内孔及内锥粗、精加工程序
G98 M03 S500;	主轴正转，转速500r/min
T0303;	刀具选择
G00 X16 Z2;	快速点定位至加工起始点，（X值须小于底孔直径，防止撞刀）
G71 U1 R0.5;	内孔粗车循环 U：每次单边车深；R：单边退刀量
G71 P10 Q20 U−0.5 W0.1 F100;	P10：精加工第一程序段号；Q20：精加工最后程序段号；U：直径双边精加工余量；W：Z向精加工余量；F：粗车进给量
N10 G01 X32;	切入工件，开始加工
Z0;	
X30 W−1;	倒角 C1
Z−9;	
X25;	
X24 W−0.5;	
Z−17;	
X22 Z−27;	

程序	说明
Z-28;	
N20 G01 X16;	加工结束，刀具退出工件（X值必须小于最小内孔直径，防止撞刀）
G00 Z50;	Z向退刀，X向不动
M05;	主轴停转
M00;	程序暂停，测量校正
M03 S800;	主轴正转，转速800r/min
T0303;	刀具选择
G00 X16 Z2;	快速点定位，精加工起始点
G70 P10 Q20 F80;	内孔精车循环
G00 Z50;	Z向退刀，X向不动
M05 M09;	主轴停转，冷却液关
M30;	程序结束，返回程序头

知识拓展

一、内孔的测量

数控加工中，通常内孔都有严格的尺寸要求，当精度要求较低时，可用游标卡尺或内卡钳测量。精度要求较高时，可用以下几种方法。

1.内卡钳

内卡钳［图6-4（a）］适用于孔口试切削或位置狭小时。当精度要求较高时，需要与千分尺配合使用。

2.塞规

当塞规［图6-4（b）］的通端能通过，而止端不能通过，说明工件合格。但塞规通常只能测量孔径，不能测量孔的直线度和圆度。

3.内径千分尺

使用内径千分尺［图6-4（c）］测量时，在直径方向应找出最大尺寸，轴向应找出最小尺寸。

4.内测千分尺

内测千分尺［图6-4（d）］是测量孔径的常用量具，实际加工中应用较普遍。当孔径较小时，可用内测千分尺测量。

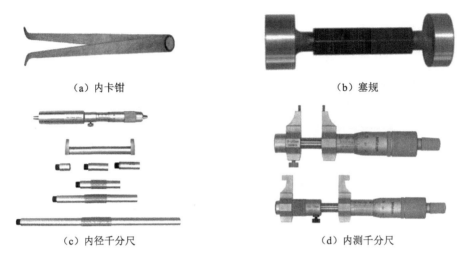

（a）内卡钳　　　　　　　　　　　　　　　　　（b）塞规

（c）内径千分尺　　　　　　　　　　　　　　　（d）内测千分尺

图 6-4　内孔测量工具

二、孔加工质量分析

在数控车床上加工内孔时会产生很多加工误差，如内孔尺寸不符合要求、表面粗糙度达不到要求等。孔加工中容易出现的问题、产生的原因及可以采取的预防和消除措施如表 6-4 所示。

表 6-4　孔加工质量分析

问题现象	产生原因	预防和消除
内孔尺寸精度差	测量方法有误	改正测量方法
	刀具伸出较长	正确装刀
	测量不准确	仔细测量
	工件产生热胀冷缩	加注充分的冷却液
孔表面粗糙度差	切屑流向加工表面拉毛已加工表面	换用正刃倾角车刀
	产生积屑瘤	选择合适的切削用量
	刀具磨损	重磨刀刃或换新刀
	刀杆振动	减少刀杆伸出长度
内孔有锥度	刀具磨损	更换新刀或采用耐磨刀具
	刀柄与孔壁相碰	正确装刀
	刀杆刚性差，产生让刀	在满足条件下尽可能采用大尺寸刀柄并减少进给量
	床身导轨磨损严重	修整机床导轨
	主轴轴线歪斜	修正车床主轴

三、常见内孔加工方法和特点

常用的有钻孔、扩孔、铰孔、镗孔、磨孔、拉孔、研磨孔、珩磨孔、滚压孔等。

1）钻孔：表面质量较差。

2）扩孔：可达到的尺寸公差等级为IT11～IT10，表面粗糙度值为 $Ra12.5～6.3\mu m$，属于孔的半精加工方法，常用于铰削前的预加工，也可用于精度不高的孔的终加工。

3）铰孔：在半精加工（扩孔或半精镗）的基础上对孔进行的一种精加工方法。铰孔的尺寸公差等级可达 IT9～IT6，表面粗糙度值可达 $Ra3.2～0.2\mu m$。

4）镗孔、磨孔：粗镗的尺寸公差等级为IT13～IT12，表面粗糙度值为 $Ra12.5～6.3\mu m$；半精镗的尺寸公差等级为IT10～IT9，表面粗糙度值为 $Ra6.3～3.2\mu m$；精镗的尺寸公差等级为IT8~IT7，表面粗糙度值为 $Ra1.6~0.8\mu m$。

5）拉孔：拉削圆孔可达的尺寸公差等级为IT9～IT7，表面粗糙度值为 $Ra1.6～0.8\mu m$。

6）研磨孔：公差等级可提高到IT6～IT5，表面粗糙度值为 $Ra0.2～0.012\mu m$。

7）磨孔：孔的精加工方法之一，可达到的尺寸公差等级为IT8～IT6，表面粗糙度值为 $Ra0.8～0.2\mu m$。

8）珩磨孔：珩磨后尺寸公差等级为IT7～IT6，表面粗糙度值为 $Ra0.4～0.05\mu m$。

操作练习

完成图 6-5～图 6-12 所示图样的车削编程练习。

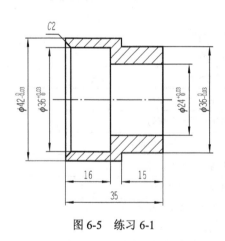

图 6-5　练习 6-1

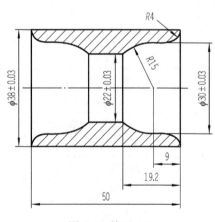

图 6-6　练习 6-2

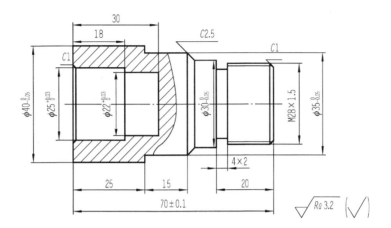

图 6-7　练习 6-3

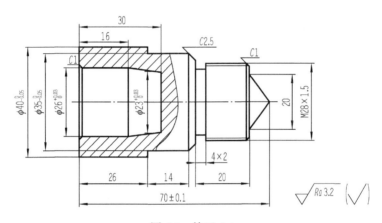

图 6-8　练习 6-4

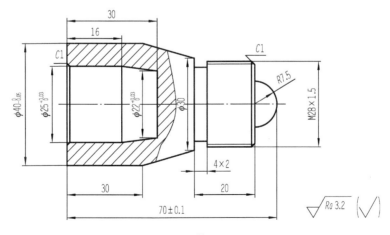

图 6-9　练习 6-5

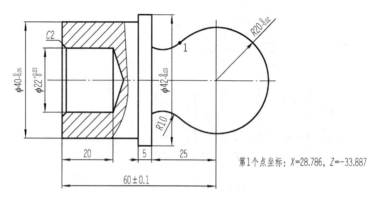

第1个点坐标：X=28.786, Z=−33.887

图 6-10　练习 6-6

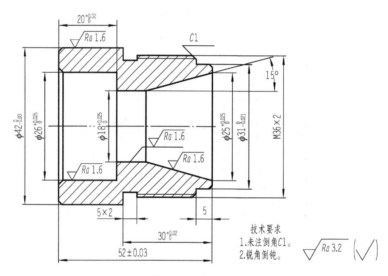

技术要求
1. 未注倒角C1。
2. 锐角倒钝。

图 6-11　练习 6-7

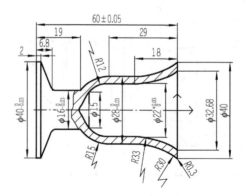

图 6-12　练习 6-8

思考与练习

一、填空题

1. 指令"G90 X(U)__ Z(W) __ F__;"用于加工 _____ 面或 _____ 面。

2. "G71 U(△d) R(e); G71 P(ns) Q(nf)__ U(△u) W(△w) F__ S__ T__;"中的 △d 表示 _____；ns 表示 _____；△u 表示 _____。

3. 加工内锥孔时，用下手刀加工，刀具半径补偿用 _____ 指令；用上手刀加工，刀具半径补偿用 _____ 指令。

4. G70 指令主要用于 _____ 之后。

5. 指令"G90 X(U)__ Z(W)__ R__ F__;"中的 R 用于指定 _____。

6. 镗孔车刀在加工零件内表面时，需调用指令 _____ 进行刀具半径补偿。

二、选择题

7. 加工内锥孔面时，程序段"G90 X52.0 Z-100.0 R5.0 F0.3;"中 R5.0 的含义是（　　）。

  A. 进刀量   B. 圆锥起、终端的半径差

  C. 圆锥起、终端的直径差   D. 圆弧半径

8. "G71 U(△d) R(e); G71 P(ns) Q(nf)__ U(△u) W(△w)F__ S__ T__;"中的 e 表示（　　）。

  A. Z 方向精加工余量   B. 进刀量

  C. 退刀量   D. 进给速度

9. 下列指令中属于单一形状固定循环指令的是（　　）。

  A. G90   B. G71   C. G70   D. G73

10. FANUC 0i 数控车床的平行轮廓粗车循环指令的是（　　）。

  A. G70   B. G71   C. G72   D. G73

11. 沿刀具前进方向观察，刀具偏在零件轮廓左边的是（　　）指令。

  A. G40   B. G41   C. G42   D. G70

三、问答题

12. 如何安装内孔车刀？有何要求？

13. 车削内孔时应如何选择进退刀点？

14. 内孔的检测方法有哪几种？

15. 加工中影响内孔尺寸精度的因素有哪些？如何预防与消除？

项目七　内螺纹车削加工及编程

—————————（实训 12 学时）—————————

知识目标

1. 了解内螺纹的加工工艺知识；
2. 掌握内螺纹编程指令 G76 的格式及注意事项。

能力目标

1. 会运用 G76 循环指令编制螺纹加工程序加工内螺纹；
2. 能独立完成内螺纹零件加工。

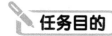 **任务目的**

1. 掌握螺纹编程指令 G76 格式及注意事项；
2. 根据内螺纹加工工艺编写合理的加工程序；
3. 完成内螺纹零件的加工。

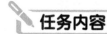 **任务内容**

1. 螺纹底径的计算方法；
2. 使用 G76 指令编写内螺纹加工程序；
3. 完成内螺纹工件加工。

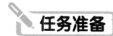 **任务准备**

G76 指令的用法：

1. 指令格式（分两行书写）

$$G76 \quad P(m)(r)(\alpha) \quad Q(\Delta d_{min}) \quad R(d);$$
$$G76 \quad X\_ \quad Z\_ \quad R(i) \quad P(k) \quad Q(\Delta d) \quad F(L)$$

2. 指令功能

G76 指令用于多次自动循环切削螺纹。经常用于加工不带退刀槽的圆柱螺纹和圆锥螺纹，可实现单侧刀刃螺纹切削，吃刀量逐渐减少，保护刀具，提高螺纹精度。G76 的 10 个参数设置好后，可自动分层完成螺纹车削。

3. 指令说明

G76 指令动作及参数如图 7-1 所示。

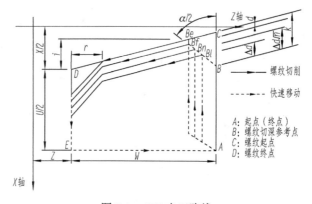

图 7-1　G76 走刀路线

1）参数 m：精车重复次数，00 ～ 99（单位为次），必须输两位数，一般取 01 ～ 03 次。若 m=03，则精车 3 次：第一刀是精车，第二、三刀就是精车重复，重复精车的切削深度为 0，用于消除切削时的机械应力（让刀）造成的欠切，提高螺纹精度和表面质量，去除了牙侧的边，对螺纹的牙型起修光作用。

2）参数 r：螺纹尾端倒角量，也称螺纹退尾量，取值范围 00 ～ 99，一般取 00 ～ 20（单位为 0.1L，L 为螺距），必须输入两位数。

3）参数 α：刀尖角度，即牙型角（相邻两牙之间的夹角），取值 80、60、55、30、29、0，单位为度（°），必须输入两位数。实际螺纹的角度由刀具决定。普通三角形螺纹为 60°。

4）参数 Δd_{min}：最小切深，单位为 μm，半径值，一般取 50 ～ 100μm。车削过程中，如果切削深度小于此值，深度就锁定在此值。

5）参数 d：精车余量，螺纹精车的切削深度，半径值，单位为 μm，一般取 50 ～ 100μm。

6）参数 X_ Z_：螺纹终点绝对坐标或增量坐标，Z 值根据图样可得，外螺纹 X 值即螺纹小径＝公称直径－ 1.3× 螺距，内螺纹 X 值即公称直径（螺纹大径）。

7）参数 i：螺纹锥度值，即螺纹两端半径差，i=R_s-R_e，单位为 mm，圆柱螺纹 i=0。

8）参数 k：螺纹高度，半径值，单位为 μm，一般取 0.65P（螺距）。

9）参数 Δd：第一刀车削深度，半径值，根据机床刚性和螺距大小来取值，建议取 300 ～ 800μm。

10）参数 L：螺纹导程，同一条螺旋线上，相邻两牙之间的轴向距离，即螺距 × 螺纹头数，单位为 mm。单头螺纹的导程等于螺距。

任务实施

要求使用 G76 指令完成图 7-2 所示零件的加工。

1. 工艺分析

（1）确定装夹方案

工件毛坯为直径 40mm 铝料，直接采用三爪自定心卡盘进行装夹，装夹选择工件左端毛坯外圆，伸出长度大于 25mm，利用 φ16mm 麻花钻钻孔，车削端面及 φ38mm 外圆及 5×φ34mm 的槽，用内孔车刀车削 φ26mm 内孔和 φ22.05mm 螺纹底孔。工件掉头装夹校正，车端面保证工件总长尺寸，粗、精车削 φ38mm 外圆，最后加工 M24×1.5mm 内螺

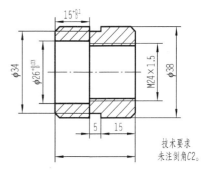

图 7-2 G76 编程示例

纹，并用螺纹塞规进行精度检验。

（2）工件原点

以工件右端面与轴线交点为工件原点建立工件坐标系（采用试切对刀建立）。

2. 刀具选择

刀具选用卡如表 7-1 所示。

表 7-1 刀具选用卡

序号	刀具号	刀具类型	刀具半径	数量	加工表面	备注
1	T0101	93°外圆刀	0.4mm	1	外圆、端面	刀尖角 35°
2	T0202	外切槽刀	4mm 槽宽	1	车槽、切断	
3	T0303	内孔车刀	0.4mm	1	内孔	刀片选 TN60
4	T0404	内螺纹车刀	16NR1.5	1	内螺纹	

3. 切削参数

加工工艺卡如表 7-2 所示。

表 7-2 加工工艺卡

实训项目		项目七	零件图号	7-2	系统	FANUC 0i
装夹定位简图						
	（a）				（b）	

工序	工步	工步内容	刀具号	切削用量		
				主轴转速 /（r/min）	进给速度 /（mm/min）	切削深度 /mm
1	1	按图（a）所示装夹工件，钻中心孔	—	1200	手轮	—
	2	用 φ16mm 麻花钻钻孔，深 40mm	—	400	手轮	—
	3	用外圆车刀加工端面及外圆	T0101	600/1000	100/80	2/0.5
	4	用车槽刀车槽	T0202	400	手轮	—
	5	用内孔刀加工 φ22.05mm、φ26mm	T0303	600/1000	100/80	1/0.5

工序	工步	工步内容	刀具号	切削用量		
				主轴转速 /（r/min）	进给速度 /（mm/min）	切削深度 /mm
2	1	掉头，如图（b）所示装夹工件，找正，手动车右端面，保证总长 35mm	T0101	1000	手轮	0.5
	2	用外圆车刀加工外圆 φ38mm	T0101	600/1000	100/80	2/0.5
	3	用内螺纹车刀加工 M24×1.5 内螺纹	T0404	400	—	—

4．参考程序

参考程序如表 7-3 所示。

表 7-3　参考程序

程序	说明
O0002;	内孔及螺纹底孔粗、精加工程序
G98 M03 S600;	主轴正转，转速 600r/min
T0303;	刀具选择
G00 X14 Z2;	快速点定位至加工起始点，（X值须小于底孔直径，防止撞刀）
G71 U1 R0.5;	内孔粗车循环 U：每次单边车深；R：单边退刀量
G71 P10 Q20 U−0.5 W0.1 F100;	P10：精加工第一程序段号；Q20：精加工最后程序段号；U：直径双边精加工余量；W：Z向精加工余量；F：粗车进给量
N10 G01 X26;	切入工件，开始加工
Z0;	
Z−15;	
X22.05;	内螺纹小径 = 大径 −1.3P（螺距）
Z−36;	
N20 G01 X14;	加工结束，刀具退出工件（X值必须小于最小内孔直径，防止撞刀）
G00 Z50;	Z向退刀
M05;	主轴停转
M00;	程序暂停，测量校正
M03 S1000;	主轴正转，转速 1000r/min
T0303;	刀具选择
G00 X14 Z2;	快速点定位，精加工起始点

续表

程序	说明
G70 P10 Q20 F80;	内孔精车循环
G00 Z50;	Z 向退刀
M05;	主轴停转
M09;	冷却液关
M30;	程序结束，返回程序头
O0003;	内螺纹加工程序
G98 M03 S400;	主轴正转，转速 400r/min
T0404;	刀具选择
G00 X20 Z2;	快速点定位至加工起始点，（X 值须小于底孔直径，防止撞刀）
G76 P021060 Q100 R0.1; G76 X24 Z-22 P850 Q150 F1.5;	使用螺纹循环指令 内螺纹小径 = 大径 -1.3P（螺距）
G00 X20;	退刀，回测量点
M05 M09;	主轴停转，冷却液关
M30;	程序结束，返回程序头

 知识拓展

一、常见内螺纹的加工方法和特点

1．攻螺纹

攻螺纹是用一定的转矩将丝锥旋入工件上预钻的底孔中加工出内螺纹，如图 7-3 所示。

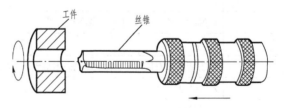

图 7-3　攻内螺纹

2．螺纹车削

螺纹车削指在车床上车削螺纹，可采用成形车刀或螺纹梳刀。用成形车刀车削螺

纹，由于刀具结构简单，是单件和小批生产螺纹工件的常用方法；用螺纹梳刀车削螺纹，生产效率高，但刀具结构复杂，只适于中、大批量生产中车削细牙的短螺纹工件。普通车床车削梯形螺纹的螺距精度一般只能达到 8 ～ 9 级，在专门化的螺纹车床上加工螺纹，生产率或精度可显著提高。

3．螺纹铣削

螺纹铣削指在螺纹铣床上用盘形铣刀或梳形铣刀进行铣削。内螺纹如图 7-4 所示。盘形铣刀主要用于铣削丝杆、蜗杆等工件上的梯形外螺纹。梳形铣刀用于铣削内、外普通螺纹和锥螺纹，由于是用多刃铣刀铣削，其工作部分的长度又大于被加工螺纹的长度，故工件只需要旋转 1.25 ～ 1.5 转就可完成加工，生产率很高。普通车床车削梯形螺纹的螺距精度一般只能达到 IT9 ～ IT8 级，用螺纹铣削的方法加工螺纹适用于成批生产一般精度的螺纹工件或磨削前的粗加工。

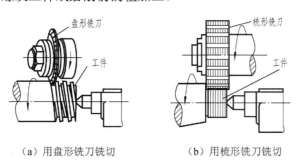

（a）用盘形铣刀铣切　　　　　　（b）用梳形铣刀铣切

图 7-4　内螺纹铣削

二、螺纹加工质量分析

螺纹加工中经常遇到的加工和质量问题有多种情况，问题现象、产生的原因及可以采取的改善措施如表 7-4 所示。

表 7-4　螺纹加工质量分析

问题现象	产生原因	预防和消除
切削过程出现振动	工具装夹不正确	检查工件安装，增加安装刚性
	刀具安装不正确	调整刀具安装位置
	切削参数不正确	提高或降低切削速度
螺纹牙顶呈刀口状	刀具角度选择错误	选择正确的刀具
	螺纹外径尺寸过大	检查并选择合适工件外径尺寸
	螺纹切削过深	减小螺纹切削深度

续表

问题现象	产生原因	预防和消除
螺纹牙型过平	刀具中心错误	选择合适刀具并调整中心高度
	螺纹切削深度不够	计算并增加切削深度
	刀具牙型角度过小	重新刃磨螺纹刀
	螺纹外径尺寸过小	检查并选择合适工件外径尺寸
螺纹牙型底部圆弧过大	刀具选择错误	选择正确的刀具
	刀具磨损严重	重新刃磨或更换刀片
螺纹牙型底部过宽	螺纹有乱牙现象	检查加工程序中有无导致乱牙的原因
		检查主轴脉冲编码器是否松动，损坏
		检查 Z 轴丝杠是否有窜动现象
螺纹牙型半角不正确	刀具安装角度不正确	调整刀具安装角度
螺纹表面质量差	切削速度过低	调高主轴转速
	刀具中心过高	调整刀具中心高度
	切削控制较差	选择合理的进刀方式及切深
	刀尖产生积削瘤	选择合适的切削液并充分喷注
	切削液选用不合理	
螺距误差	伺服系统滞后效应	增加螺纹切削升降速段的长度
	加工程序不正确	检查修改加工程序

操作练习

完成图 7-5 ～图 7-10 所示图样的车削编程练习。

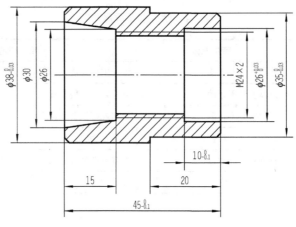

图 7-5　练习 7-1

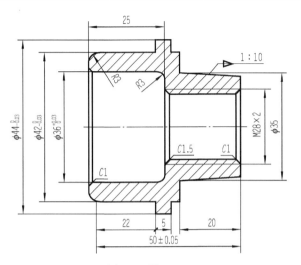

图 7-6　练习 7-2

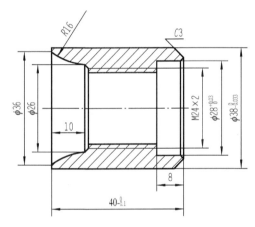

图 7-7　练习 7-3

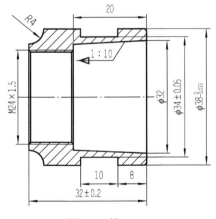

图 7-8　练习 7-4

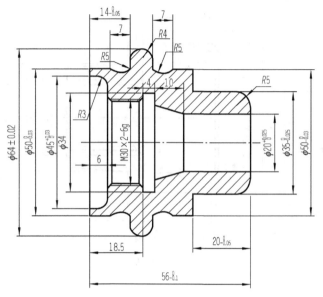

图 7-9　练习 7-5（配合件一）

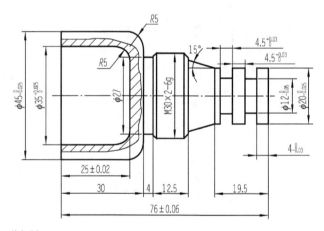

技术要求
1.未注倒角C1.5。
2.锐角倒钝C0.5。

图 7-10　练习 7-6（配合件二）

思考与练习

一、填空题

1. 车削螺纹循环一般分为单一形状固定循环和_____固定循环。

2．G92 循环第一步移动为_____轴方向移动。

3．用 G92 车削端面螺纹时，先在____ 轴上进给，再在____轴上加工螺纹。

4．G76 指令格式中的 α 为_____，d 为_____。

5．G33 表示_____，G34 表示_____。

6．"G33 X31.0 Z50.0 F1.5;" 中的 F1.5 表示_____。_____指令适用于加工梯形螺纹。

二、计算题

7．按表 7-5 的已知条件，计算出有关数据并填入表中。

表 7-5　计算螺纹的基本参数

单位：mm

序号	螺纹标记	螺距 P	螺纹大径 d	螺纹中径 d_2	牙型高度 h	内螺纹小径 d_1
1	M20					
2	M24×2					
3	M48×1.5					

三、问答题

8．怎样选择内螺纹刀具？

9．内螺纹车刀怎样安装？

10．内螺纹加工有哪几种常用的方法？各有何特点？

11．影响内螺纹表面质量的因素有哪些？如何预防与消除？

附录一 数控车工中级理论题库

一、选择题

1. 职业道德是（　　）。
   A. 社会主义道德体系的重要组成部分　　B. 保障从业者利益的前提
   C. 劳动合同订立的基础　　D. 劳动者的日常行为规则

2. 职业道德基本规范不包括（　　）。
   A. 爱岗敬业忠于职守　　B. 诚实守信办事公道
   C. 发展个人爱好　　D. 遵纪守法廉洁奉公

3. 爱岗敬业就是对从业人员（　　）的首要要求。
   A. 工作态度　　B. 工作精神　　C. 工作能力　　D. 以上均可

4. 遵守法律法规不要求（　　）。
   A. 延长劳动时间　　B. 遵守操作程序
   C. 遵守安全操作规程　　D. 遵守劳动纪律

5. 具有高度责任心应做到（　　）。
   A. 方便群众，注重形象　　B. 光明磊落，表里如一
   C. 工作勤奋努力，尽职尽责　　D. 不徇私情，不谋私利

6. 不爱护工、卡、刀、量具的做法是（　　）。
   A. 按规定维护工、卡、刀、量具
   B. 工、卡、刀、量具要放在工作台上
   C. 正确使用工、卡、刀、量具
   D. 工、卡、刀、量具要放在指定地点

7. 不符合着装整洁、文明生产要求的是（　　）。
   A. 贯彻操作规程　　B. 执行规章制度
   C. 工作中对服装不作要求　　D. 创造良好的生产条件

8. 保持工作环境清洁有序不正确的是（　　）。
   A. 随时清除油污和积水
   B. 通道上少放物品
   C. 整洁的工作环境可以振奋职工精神
   D. 毛坯、半成品按规定堆放整齐

9. 具有互换性的零件应是（　　　）。

  A. 相同规格的零件   B. 不同规格的零件

  C. 相互配合的零件   D. 形状和尺寸完全相同的零件

10. 标准公差数值与两个因素有关，它们是（　　　）。

  A. 标准公差等级和基本偏差数值   B. 标准公差等级和上偏差

  C. 标准公差等级和下偏差   D. 标准公差等级和基本尺寸分段

11. 有关"表面粗糙度"，下列说法不正确的是（　　　）。

  A. 是指加工表面上所具有的较小间距和峰谷所组成的微观几何形状特性

  B. 表面粗糙度不会影响到机器的工作可靠性和使用寿命

  C. 表面粗糙度实质上是一种微观的几何形状误差

  D. 一般是在零件加工过程中，由于机床—刀具—工件系统的振动等原因引起的

12. 对于配合性质要求高的表面，应取较小的表面粗糙度参数值，其主要理由是（　　　）。

  A. 使零件表面有较好的外观

  B. 保证间隙配合的稳定性或过盈配合的连接强度

  C. 便于零件的装拆

  D. 提高加工的经济性能

13. 灰铸铁的孕育处理常用孕育剂有（　　　）。

  A. 锰铁   B. 镁合金   C. 铬   D. 硅铁

14. 铝具有的特性之一是（　　　）。

  A. 较差的导热性   B. 良好的导电性

  C. 较高的强度   D. 较差的塑性

15. 锡基轴承合金又称为（　　　）。

  A. 锡基巴氏合金   B. 锡基布氏合金

  C. 锡基洛氏合金   D. 锡基维氏合金

16. 带传动是利用（　　　）作为中间挠性件，依靠带与带之间的摩擦力或啮合来传递运动和动力。

  A. 从动轮   B. 主动轮   C. 带   D. 带轮

17.（　　　）用于起重机械中提升重物。

  A. 起重链   B. 牵引链   C. 传动链   D. 动力链

18.（　　　）是由主动齿轮、从动齿轮和机架组成。

  A. 齿轮传动   B. 蜗轮传动   C. 带传动   D. 链传动

19. 刀具材料的工艺性包括刀具材料的热处理性能和（　　　）性能。

  A. 使用   B. 耐热性   C. 足够的强度   D. 刃磨

20. 不能做刀具材料的有（　　　）。

  A. 碳素工具钢   B. 碳素结构钢   C. 合金工具钢   D. 高速钢

21. 任何切削加工方法都必须有一个（　　），可以有一个或几个进给运动。
    A. 辅助运动　　　　B. 主运动　　　　C. 切削运动　　　　D. 纵向运动

22. 切屑流出时经过的刀面是（　　）。
    A. 前刀面　　　　B. 主后刀面　　　　C. 副后刀面　　　　D. 侧刀面

23. 前刀面与基面间的夹角是（　　）。
    A. 后角　　　　B. 主偏角　　　　C. 前角　　　　D. 刃倾角

24. 测量精度为 0.02mm 的游标卡尺，当两测量爪并拢时，尺身上 49mm 对正游标上的（　　）格。
    A. 20　　　　B. 40　　　　C. 50　　　　D. 49

25. 不能用游标卡尺去测量（　　），否则易使量具磨损。
    A. 齿轮　　　　B. 毛坯件　　　　C. 成品件　　　　D. 高精度件

26. 百分表的示值范围通常有 0～3mm、0～5mm 和（　　）三种。
    A. 0～8mm
    C. 0～12mm
    B. 0～10mm
    D. 0～15mm

27. 用百分表测量时，测量杆与工件表面应（　　）。
    A. 垂直　　　　B. 平行　　　　C. 相切　　　　D. 相交

28. （　　）是用来测量工件的量具。
    A. 万能角度尺　　　　B. 内径千分尺　　　　C. 游标卡尺　　　　D. 量块

29. 万能角度尺按其游标读数值可分为 2′ 和（　　）两种。
    A. 4′　　　　B. 8′　　　　C. 6′　　　　D. 5′

30. 车床主轴材料为（　　）。
    A. T8A　　　　B. YG3　　　　C. 45 钢　　　　D. A2

31. 减速器箱体为剖分式，工艺过程的制定原则与整体式箱体（　　）。
    A. 相似　　　　B. 不同　　　　C. 相同　　　　D. 相反

32. 圆柱齿轮传动的精度要求有运动精度、（　　）接触精度等几方面精度要求。
    A. 几何精度
    C. 垂直度
    B. 平行度
    D. 工作平稳性

33. （　　）耐热性高，但不耐水，用于高温负荷处。
    A. 钠基润滑脂
    C. 锂基润滑脂
    B. 钙基润滑脂
    D. 铝基及复合铝基润滑脂

34. 常用固体润滑剂有石墨、（　　）、聚四氟乙烯等。
    A. 润滑脂
    C. 二硫化钼
    B. 润滑油
    D. 锂基润滑脂

35. （　　）主要起润滑作用。
    A. 水溶液　　　　B. 乳化液　　　　C. 切削油　　　　D. 防锈剂

36. 划线时，划线基准要（　　）和设计基准一致。
    A. 必须　　　　B. 尽量　　　　C. 不　　　　D. 很少

37. 扩孔的加工质量比钻孔高，常作为孔的（　　）。
　　A．精加工　　　　　　　　　　　　B．半精加工
　　C．粗加工　　　　　　　　　　　　D．半精加工和精加工

38. 梯形螺纹的牙型角为（　　）。
　　A．30°　　　　　B．40°　　　　　C．55°　　　　　D．60°

39. 在丝锥攻入 1 ～ 2 圈后，应及时从（　　）方向用 90°角尺进行检查，并不断校正至要求。
　　A．前后　　　　　　　　　　　　B．左右
　　C．前后、左右　　　　　　　　　　D．上下、左右

40. 关于主令电器叙述不正确的是（　　）。
　　A．晶体管接近开关不属于行程开关
　　B．按钮分为常开、常闭和复合按钮
　　C．按钮只允许通过小电流
　　D．行程开关用来限制机械运动的位置或行程

41. 接触器不适用于（　　）。
　　A．交流电路控制　　　　　　　　　B．直流电路控制
　　C．照明电路控制　　　　　　　　　D．大容量控制电路

42. 变压器的变比为（　　）。
　　A．输入电流和输出电流之比　　　　B．一次侧匝数与二次侧匝数之比
　　C．输出功率和输入功率之比　　　　D．输入阻抗和输出阻抗之比

43. 不属于电伤的是（　　）。
　　A．与带电体接触的皮肤红肿　　　　B．电流通过人体内的击伤
　　C．熔丝烧伤　　　　　　　　　　　D．电弧灼伤

44. 错误的触电救护措施是（　　）。
　　A．迅速切断电源　　　　　　　　　　　　　　B．人工呼吸
　　C．胸外挤压　　　　　　　　　　　　　　　　D．打强心针

45. 环境保护法的基本任务不包括（　　）。
　　A．促进农业开发　　　　　　　　　B．保障人民健康
　　C．维护生态平衡　　　　　　　　　D．合理利用自然资源

46. 工企对环境污染的防治不包括（　　）。
　　A．防治大气污染　　　　　　　　　B．防治绿化污染
　　C．防治固体废弃物污染　　　　　　D．防治噪声污染

47. 企业的质量方针不是（　　）。
　　A．企业总方针的重要组成部分　　　B．规定了企业的质量标准
　　C．每个职工必须熟记的质量准则　　D．企业的岗位工作职责

48. 不属于岗位质量措施与责任的是（　　）。
　　A．明确上下工序之间对质量问题的处理权限

    B．明白企业的质量方针

    C．岗位工作要按工艺规程的规定进行

    D．明确岗位工作的质量标准

49．蜗杆零件图中 2—A2/4.25，表示两个中心孔为 A 型，中心孔圆柱部分直径为（   ），中心孔在工件端面上的最大直径为（   ）。

    A．ϕ4.25m，ϕ4.25m   B．ϕ2mm，ϕ4.25m

    C．ϕ4.25m，ϕ2mm   D．ϕ2mm，ϕ2mm

50．图样上符号⊥是（   ）公差，称为（   ）。

    A．位置，垂直度   B．形状，直线度

    C．尺寸，偏差   D．形状，圆柱度

51．Tr30×6 表示（   ）螺纹，旋向为（   ）螺纹，螺距为（   ）mm。

    A．矩形，右，12   B．三角，右，6

    C．梯形，左，6   D．梯形，右，6

52．偏心轴的结构特点是两轴线平行而（   ）。

    A．重合   B．不重合   C．倾斜30°   D．不相交

53．偏心轴零件图样上的符号◎是（   ）公差，称为（   ）。

    A．同轴度，位置   B．位置，同轴度

    C．形状，圆度   D．尺寸，同轴度

54．曲轴零件图主要采用一个基本视图——（   ）、局部剖和两个剖面图组成。

    A．主视图   B．俯视图   C．左视图   D．右视图

55．齿轮的花键宽度 $8^{+0.065}_{+0.035}$ mm，最大极限尺寸为（   ）mm。

    A．8.035   B．8.065   C．7.935   D．7.965

56．根据零件的表达方案和比例，先用较硬的铅笔轻轻画出各（   ），再画出底稿。

    A．基准面   B．尺寸   C．基准   D．轮廓线

57．C630 型车床主轴部件的材料是（   ）。

    A．铝合金   B．不锈钢   C．高速钢   D．40Gr

58．CA6140 型车床尾座的主视图采用（   ），它同时反映了顶尖、丝杠、套筒等主要结构和尾座体、导板等大部分结构。

    A．全剖面   B．阶梯剖视   C．局部剖视   D．剖面图

59．套筒锁紧装置需要将套筒固定在某一位置时，可（   ）转动手柄，通过圆锥销带动拉紧螺杆旋转，使下夹紧套向上移动，从而将套筒夹紧。

    A．向左   B．逆时针   C．顺时针   D．向右

60．识读装配图步骤：①看标题栏和明细表；②分析视图和零件；③（   ）。

    A．填写标题栏   B．归纳总结   C．布置版面   D．标注尺寸

61．粗加工多头蜗杆时，一般使用（   ）卡盘。

    A．偏心   B．自定心   C．单动   D．专用

62. 两拐曲轴工工艺规程采用工序集中有利于保证各加工表面间的（ ）精度。

    A. 形状   B. 位置   C. 尺寸   D. 定位

63. 车偏心工件的原理是，装夹时把偏心部分的（ ）调整到与主轴轴线重合的位置上即可加工。

    A. 尺寸线   B. 轮廓线   C. 轴线   D. 基准

64. 增大装夹时的接触面积，可采用特制的（ ）和开缝套筒，这样可使夹紧力分布均匀，减小工件的变形。

    A. 夹具   B. 自定心卡盘   C. 单动卡盘   D. 软卡爪

65. 编制数控车床加工工艺时，要进行以下工作：分析工件图样、确定工件装夹方法和选择夹具、选择刀具和确定切削用量、确定加工（ ）并编制程序。

    A. 要求   B. 方法   C. 原则   D. 路径

66. 数控车床切削用量的选择，应根据机床性能、（ ）原理并结合实践经验来确定。

    A. 数控   B. 加工   C. 刀具   D. 切削

67. 工件的六个自由度全部被限制，使它在夹具中只有（ ）正确的位置，称为完全定位。

    A. 两个   B. 唯一   C. 三个   D. 五个

68. 欠定位不能保证加工质量，往往会产生废品，因此（ ）允许的。

    A. 特殊情况下   B. 可以   C. 一般条件下   D. 绝对不

69. 后顶尖相当于两个支撑点，限制了（ ）个自由度。

    A. 零   B. 一   C. 两   D. 三

70. 夹紧要牢固，可靠，并保证工件在加工中（ ）不变。

    A. 尺寸   B. 定位   C. 位置   D. 间隙

71. 夹紧力的（ ）应与支撑点相对，并尽量作用在工件刚性较好的部位，以减小工件变形。

    A. 大小   B. 切点   C. 作用点   D. 方向

72. 螺旋压板夹紧装置主要由（ ）、压板、旋紧螺母、球面垫圈和弹簧组成。

    A. 螺钉   B. 圆柱   C. 压块   D. 支柱

73. 偏心夹紧装置中偏心轴的（ ）中心与几何中心不重合。

    A. 移动   B. 转动   C. 位置   D. 尺寸

74. 中心架和跟刀架是安装在车床（ ）上使用。

    A. 小滑板   B. 导轨   C. 大滑板   D. 床身

75. 轴承座可以在角铁上安装加工，角铁装上后，首先要检验角铁平面对（ ）的平行度，检验合格后，即可装夹工件。

    A. 工件   B. 主轴轴线   C. 机床   D. 夹具

76. 车刀的耐热性好是其在高温下仍有良好的（ ）性能。

    A. 力学   B. 机械   C. 切削   D. 物理

77. 高速钢具有制造简单、刃磨方便、刃口锋利、韧性好和（　　）等优点。
    A. 强度高　　　　　　B. 耐冲击　　　　　　C. 硬度高　　　　　　D. 易装夹

78. 钨钛钴类硬质合金是由碳化钨、碳化钛和（　　）组成。
    A. 钒　　　　　　　　B. 铌　　　　　　　　C. 钼　　　　　　　　D. 钴

79. 高速钢车刀应选择（　　）的前角，硬质合金车刀应选择（　　）的前角。
    A. 适中，较大　　　　　　　　　　　　　B. 较小，较大
    C. 较大，较小　　　　　　　　　　　　　D. 偏小，适中

80. 高速钢车刀加工中碳钢和中碳合金钢时前角一般为（　　）。
    A. 6°～8°　　　　　　　　　　　　　　　B. 35°～40°
    C. –15°　　　　　　　　　　　　　　　　D. 25°～30°

81. 精车时，为减小（　　）与工件的摩擦，保持刃口锋利，应选择较大的后角。
    A. 基面　　　　　　　　　　　　　　　　B. 前刀面
    C. 后刀面　　　　　　　　　　　　　　　D. 主截面

82. 主偏角影响刀尖部分的强度与（　　）条件，影响切削力的大小。
    A. 加工　　　　　　B. 散热　　　　　　C. 刀具参数　　　　D. 几何

83. 精磨主、副后刀面时，用（　　）检验刀尖角。
    A. 千分尺　　　　　B. 卡尺　　　　　　C. 样板　　　　　　D. 钢板尺

84. 高速钢梯形螺纹精车刀的牙型角（　　）。
    A. 15°±10′　　　　　　　　　　　　　　B. 30°±10′
    C. 30°±20′　　　　　　　　　　　　　　D. 29°±10′

85. 普通成型刀精度要求较高时，切削刃应在（　　）磨床上刃磨。
    A. 平面　　　　　　B. 工具　　　　　　C. 数控　　　　　　D. 外圆

86. 离合器的种类较多，常用的有啮合式离合器、摩擦离合器和（　　）离合器三种。
    A. 叶片　　　　　　B. 齿轮　　　　　　C. 超越　　　　　　D. 无级

87. 当纵向机动进给接通时，开合螺母也就不能合上，不会接通（　　）传动。
    A. 光杠　　　　　　B. 丝杠　　　　　　C. 启动杠　　　　　D. 机床

88. 离合器由端面带有螺旋齿爪的左、右两半组成，左半部由（　　）带动在轴上空转，右半部分和轴上花键联结。
    A. 主轴　　　　　　B. 光杠　　　　　　C. 齿轮　　　　　　D. 花键

89. 主轴箱内油泵循环（　　）不足，不仅使主轴轴承润滑不良，又使主轴轴承产生的热量不能传散而造成主轴轴承温度过高。
    A. 压力　　　　　　B. 供油　　　　　　C. 供水　　　　　　D. 冷却

90. 工件原点设定的依据是既要符合图样尺寸的标注习惯，又要便于（　　）。
    A. 操作　　　　　　B. 计算　　　　　　C. 观察　　　　　　D. 编程

91. 通常工件原点选择在工件的右端面、左端面或（　　）的前端面。
    A. 法兰盘　　　　　B. 刀架　　　　　　C. 卡爪　　　　　　D. 切刀

92．坐标系内某一位置的坐标尺寸上以相对于（　　　）一位置坐标尺寸的增量进行标注或计量的，这种坐标值称为增量坐标。

  A．第   B．后   C．前   D．左

93．数控车床出厂的时候均设定为直径编程，所以在编程时与（　　　）轴有关的各项尺寸一定要用直径值编程。

  A．U B．Y C．Z D．X

94．加工细长轴要使用中心架和跟刀架，以增加工件的（　　　）刚性。

  A．工作   B．加工   C．回转   D．安装

95．车削细长轴时一般选用 45° 车刀、75° 左偏刀、90° 左偏刀、（　　　）刀、螺纹刀和中心钻等。

  A．机夹   B．圆弧   C．镗孔   D．切槽

96．测量细长轴公差等级高的外径时应使用（　　　）。

  A．钢板尺   B．游标卡尺   C．千分尺   D．角尺

97．中心架装上后，应逐个调整中心架三个支撑爪，使三个支撑爪对工件支撑的松紧程度（　　　）。

  A．任意   B．要小   C．较大   D．适当

98．跟刀架固定在床鞍上，可以跟着车刀来抵消（　　　）切削力。

  A．主   B．轴向   C．径向   D．横向

99．调整跟刀架时，应综合运用手感、耳听、（　　　）等方法控制支撑爪，使其轻轻接触到工件。

  A．调整   B．鼻闻   C．目测   D．敲打

100．伸长量与工件的总长度有关，对于长度（　　　）的工件，热变形伸长量较小，可忽略不计。

  A．很长   B．较长   C．较短   D．很大

101．减少或补偿工件热变形伸长的措施之一，加注充分的（　　　）。

  A．煤油   B．机油   C．切削液   D．压缩空气

102．偏心工件的主要装夹方法有（　　　）装夹、单动卡盘装夹、自定心卡盘装夹、偏心卡盘装夹、双重卡盘装夹、专用偏心夹具装夹等。

  A．虎钳   B．一夹一顶   C．两顶尖   D．分度头

103．在工件端面上偏心部分划十字中心线并找正圆周线，打上样冲眼，十字线引至（　　　），供找正用。

  A．端面   B．中心   C．外圆   D．卡盘

104．精车时加工余量较小，为提高生产效率，应选用较大的（　　　）。

  A．进给量   B．切削深度   C．切削速度   D．主轴转速

105．偏心工件装夹时，必须按已划好的偏心和侧母线找正，把偏心部分的轴线找正到与车床（　　　）轴线重合，即可加工。

  A．齿轮   B．主轴   C．电机   D．丝杠

106．偏心卡盘分两层，低盘安装在（   ）上，三爪自定心卡盘安装在偏心体上，偏心体与底盘燕尾槽配合。

    A．刀架   B．尾座   C．卡盘   D．主轴

107．双重卡盘装夹工件安装方便，不需调整，但它的刚性较差，不宜选择较大的（   ），适用于小批量生产。

    A．车床   B．转速   C．切深   D．切削用量

108．当加工（   ）较多、偏心距精度要求较高、长度较短的工件时，可在专用偏心夹具上车削。

    A．中心   B．尺寸   C．数量   D．精度

109．曲轴车削中除保证各曲柄轴颈对主轴颈的尺寸和位置精度外，还要保证曲柄轴承间的（   ）要求。

    A．尺寸   B．长度   C．角度   D．形状

110．车削曲轴前应先将其进行划线，并根据划线（   ）。

    A．切断   B．加工   C．找正   D．测量

111．较大曲轴一般都在两端留工艺轴颈，或装上（   ）夹板。在工艺轴颈上或偏心夹板上钻出主轴颈和曲轴颈的中心孔。

    A．偏心   B．大   C．鸡心   D．工艺

112．测量非整圆孔工件游标卡尺、千分尺、内径百分表、杠杆式百分表、（   ）、检验棒等。

    A．表架   B．量规   C．划线盘   D．T 形铁

113．用花盘车非整圆孔工件时，先把花盘盘面精车一刀，把 V 形架轻轻固定在（   ）上，把工件圆弧面靠在 V 形架上用压板轻压。

    A．刀架   B．角铁   C．主轴   D．花盘

114．车削非整圆孔工件的第二孔过程中，要检验（   ），若发现有误差，应及时调整。

    A．中心距   B．外径   C．内径   D．平行度

115．工件图样中的梯形螺纹牙形轮廓线用（   ）线表示。

    A．点画   B．细实   C．粗实   D．虚

116．车削梯形螺纹的刀具有 45°车刀、90°车刀、切槽刀、（   ）螺纹刀、中心钻等。

    A．矩形   B．梯形   C．三角形   D．菱形

117．梯形螺纹的测量一般采用三针测量法测量螺纹的（   ）。

    A．小径   B．中径   C．顶径   D．螺距

118．低速车削螺距小于（   ）的梯形螺纹时，可用一把梯形螺纹刀并用少量左右进给车削成形。

    A．4 mm   B．5 mm   C．6 mm   D．5.5 mm

119．梯形螺纹的工作（　　）较长，要求较高。

    A．精度　　　　　　B．长度　　　　　　C．半径　　　　　　D．螺距

120．梯形左旋螺纹需在尺寸规格之后加注"（　　）"，右旋则不注出。

    A．标注　　　　　　B．字母　　　　　　C．左　　　　　　D．Z

121．梯形外螺纹的（　　）用字母"d2"表示。

    A．内孔　　　　　　B．小径　　　　　　C．中径　　　　　　D．公称直径

122．梯形螺纹牙顶宽的计算公式：$f=f'=$（　　）P。

    A．0.366　　　　　　B．0.866　　　　　　C．0.536　　　　　　D．0.414

123．粗车矩形螺纹时，应采用（　　）方法加工。

    A．两顶尖　　　　　　B．直进　　　　　　C．斜进　　　　　　D．一夹一顶

124．矩形外螺纹牙高公式是 $h_1=$（　　）。

    A．$P+b$　　　　　　B．$2P+a$　　　　　　C．$0.5P+a_c$　　　　　　D．$0.5P$

125．加工矩形 42mm×6mm 的内螺纹时，其小径 D_1 为（　　）mm。

    A．35　　　　　　B．38　　　　　　C．37　　　　　　D．36

126．车削螺距小于（　　）mm 的矩形螺纹时，一般不分粗、精车，用一把车刀采用直进法完成车削。

    A．4　　　　　　B．5　　　　　　C．3　　　　　　D．6

127．锯齿型螺纹常用于起重机和压力机械设备上，这种螺纹要求能承受较大的（　　）压力。

    A．冲击　　　　　　B．双向　　　　　　C．多向　　　　　　D．单向

128．蜗杆的法向齿厚应单独画出（　　）剖视，并标注尺寸及粗糙度。

    A．旋转　　　　　　B．半　　　　　　C．局部移出　　　　　　D．全

129．蜗杆量具主要有（　　）、千分尺、莫氏 No.3 锥度塞规、万能角度尺、齿轮卡尺、量针、钢直尺等。

    A．游标卡尺　　　　　　B．量块　　　　　　C．百分表　　　　　　D．角尺

130．粗车时，使蜗杆（　　）基本成型；精车时，保证齿形螺距和法向齿厚尺寸。

    A．精度　　　　　　B．长度　　　　　　C．内径　　　　　　D．牙形

131．蜗杆的用途：蜗轮、蜗杆传动，常用于做减速运动的（　　）机构中。

    A．连杆　　　　　　B．自锁　　　　　　C．传动　　　　　　D．曲柄

132．轴向直廓蜗杆又称（　　）蜗杆，这种蜗杆在轴向平面内齿廓为直线，而在垂直轴线的于轴线的剖面内齿形是阿基米德螺线，所以又称阿基米德蜗杆。

    A．ZB　　　　　　B．ZN　　　　　　C．ZM　　　　　　D．ZA

133．蜗杆的分度圆直径用字母（　　）表示。

    A．d_1　　　　　　B．D　　　　　　C．d　　　　　　D．R

134．一个物体在空间如果不加任何约束限制，应有（　　）个自由度。

    A．4　　　　　　B．5　　　　　　C．6　　　　　　D．7

135．根据多线蜗杆在轴向个圆周上等距分布的特点，分线方法有轴向分线法和（　　）分线法两种。

    A．圆周   B．角度   C．齿轮   D．自动

136．当车好一条螺旋槽之后，把车刀沿蜗杆的（　　）的轴线方法移动一个蜗杆齿距，再车下一个螺旋槽。

    A．法向   B．圆周   C．轴向   D．齿形

137．利用百分表和量块分线时，把百分表固定在刀架上，并在床鞍上装一（　　）挡块。

    A．横向   B．可调   C．滑动   D．固定

138．多孔插盘装在车床主轴上，转盘上有 12 个等分的，精度很高的（　　）插孔，它可以对 2、3、4、6、8、12 线蜗杆进行分线。

    A．安装   B．定位   C．圆锥   D．矩形

139．粗车蜗杆时，背刀量过大，会发生"啃刀"现象，所以在车削过程中，应控制切削用量，防止"（　　）"。

    A．啃刀   B．扎刀   C．加工硬化   D．积屑瘤

140．加工飞轮的刀具有立式车床用的（　　）车刀、端面车刀、切槽刀、内孔车刀等。

    A．螺纹   B．外圆   C．60°   D．45°

141．车削飞轮时，将工件支顶在工作台上，找正夹牢并粗车一个端面为（　　）面。

    A．基   B．装夹   C．基准   D．测量

142．测量连接盘的量具有游标卡尺、钢直尺、千分尺、塞尺、（　　）尺、内径百分表等。

    A．深度   B．高度   C．万能角度   D．直角

143．立式车床用于加工径向尺寸较大，轴向尺寸相对较小，且形状比较（　　）的大型和重型零件，如各种盘、轮和壳体类零件。

    A．复杂   B．简单   C．单一   D．规则

144．立式车床在结构布局上的另一个特点是不仅在立柱上装有（　　）刀架，而且在横梁上还装有立刀架。

    A．水平   B．正   C．四方   D．侧

145．立式车床由于工件及工作台的重力由机床（　　）或推力轴承承担，大大减轻了立柱及主轴轴承的负载，因而能长期保证机床精度。

    A．主轴   B．导轨   C．夹具   D．附件

146．在立式车床上车削球面、曲面的原理同卧式车床，即车刀的运动为两种运动（垂直和水平）的（　　）运动。

    A．分解   B．合成   C．累加   D．差分

147．当检验高精度轴向尺寸时量具应选择检验平板、（　　）、百分表及活动表架等。

    A．千分尺   B．卡规   C．量块   D．样板

148．测量高精度轴向尺寸的方法是将百分表平移到工件表面，通过比较，即可（　　　）地测出工件的尺寸误差。

　　　　A．很好　　　　　　B．随时　　　　　　C．精确　　　　　　D．较好

149．已知直角三角形一直角边为（　　　）mm，它与斜边的夹角为23°30′17″，另一直角边的长度是28.95mm。

　　　　A．60.256　　　　　B．56.986　　　　　C．66.556　　　　　D．58.541

150．若齿面锥角为26°33′54″，背锥角为（　　　），此时背锥面与齿面之间的夹角是86°56′23″。

　　　　A．79°36′45″　　　　　　　　　　　　B．66°29′23″

　　　　C．84°　　　　　　　　　　　　　　　D．90°25′36″

151．偏心轴工件图样中，外径尺寸为$\phi 40^{-0.20}_{-0.40}$，其最大极限尺寸是（　　　）mm。

　　　　A．$\phi 40.2$　　　B．$\phi 40$　　　　C．$\phi 39.8$　　　D．$\phi 40.02$

152．测量偏心距时的量具有百分表、活动表架、检验（　　　）、V形架、顶尖等。

　　　　A．环规　　　　　　B．量规　　　　　　C．平板　　　　　　D．样板

153．正弦规由工作台、两个直径相同的精密圆柱、（　　　）挡板和后挡板等零件组成。

　　　　A．下　　　　　　　B．前　　　　　　　C．前　　　　　　　D．侧

154．使用正弦规测量时，在正弦规的一个圆柱下垫上一组量块，量块组的高度可根据被测工件的圆锥角通过（　　　）获得。

　　　　A．计算　　　　　　B．测量　　　　　　C．校准　　　　　　D．查表

155．量块高度尺寸的计算公式中"（　　　）"表示量块组尺寸，单位为毫米。

　　　　A．a　　　　　　　B．h　　　　　　　C．L　　　　　　　D．s

156．测量外圆锥体的量具有检验平板、两个直径相同圆柱形检验棒、（　　　）尺等。

　　　　A．直角　　　　　　B．深度　　　　　　C．千分　　　　　　D．钢板

157．测量外圆锥体时，将工件的小端立在检验平板上，两量棒放在平板上紧靠工件，用千分尺测出两量棒之间的距离，通过（　　　）即可间接测出工件小端直径。

　　　　A．换算　　　　　　B．测量　　　　　　C．比较　　　　　　D．调整

158．将工件圆锥套立在检验平板上，将直径为D的小钢球放入孔内，用深度千分尺测出（　　　）最高点距工件端面的距离。

　　　　A．锥度　　　　　　B．钢球　　　　　　C．工件　　　　　　D．平板

159．多线螺纹的量具、辅具有游标卡尺、（　　　）千分尺、量针、齿轮卡尺等。

　　　　A．测微　　　　　　B．公法线　　　　　C．轴线　　　　　　D．厚度

160．下列型号中（　　　）是最大加工工件直径为$\phi 400$mm的数控车床的型号。

　　　　A．CJK0620　　　　B．CK6140　　　　　C．XK5040　　　　　D．CK5040

二、判断题

161．职业道德是社会道德在职业行为和职业关系中的具体表现。　　　　　　（　　　）

162．职工必须严格遵守各项安全生产规章制度。　　　　　　　　　　　　（　　　）

163．热处理不能充分发挥钢材的潜力。　　　　　　　　　　　　（　　）

164．摩擦式带传动又可分为平带传动、V 带传动、多楔带传动、圆形带传动。（　　）

165．碳素工具钢和合金工具钢用于制造中、低速成型刀具。　　　（　　）

166．轴类零件加工顺序安排大体如下：准备毛坯—正火—粗车—半精车—磨内圆。　　　　　　　　　　　　　　　　　　　　　　　　（　　）

167．箱体加工时一般都要用箱体上重要的孔作精基准。　　　　　（　　）

168．车床主轴箱齿轮精车前热处理方法为高频淬火。　　　　　　（　　）

169．防止周围环境中的水汽、二氧化硫等有害介质侵蚀是润滑剂洗涤作用。（　　）

170．调整锯条松紧时，松紧程度以手搬动锯条感觉硬实即可。　　（　　）

171．锉刀使用时不能沾油与沾水。　　　　　　　　　　　　　　（　　）

172．测量小电流时，可将被测导线多绕几匝，然后测量。　　　　（　　）

173．齿轮零件的剖视图不便于标注花键的键宽和小径尺寸。　　　（　　）

174．画装配图要根据零件图的实际大小和复杂程度，确定合适的比例和图幅。　　　　　　　　　　　　　　　　　　　　　　　　　　　（　　）

175．螺距用 P 表示，导程用 M 表示。　　　　　　　　　　　　（　　）

176．深孔加工的关键是如何解决深孔钻的几何形状和冷却、排屑问题。（　　）

177．数控车床的进给系统与普通车床没有根本的区别。　　　　　（　　）

178．数控车床脱离了普通车床的结构形式，由床身、主轴箱、刀架、冷却、润滑系统等部分组成。　　　　　　　　　　　　　　　　　　　　（　　）

179．在满足加工主要求的前提下，部分定位是允许的。　　　　　（　　）

180．硬质合金耐热温度可达 800～1000℃。　　　　　　　　　　（　　）

181．加工左螺纹时，梯形螺纹车刀左侧刃磨后角为（3°～5°）+φ。（　　）

182．顺时针旋转槽盘时，圆柱销之间的距离减小，螺母合上，断开丝杠传动。　　　　　　　　　　　　　　　　　　　　　　　　　　　（　　）

183．主轴箱中带传动的滑动系数 ε=0.98。　　　　　　　　　　（　　）

184．进给运动还有加大进给量和缩小进给量传动路线。　　　　　（　　）

185．闷车即在车削过程中，背吃刀量较大时造成主轴停转。　　　（　　）

186．对于工件中间不需要加工的细长轴，可采用辅助套筒的方法安装中心架。　　　　　　　　　　　　　　　　　　　　　　　　　　　（　　）

187．车削时最好选用三爪的跟刀架，使切削更加稳定。　　　　　（　　）

188．在两顶尖上装夹偏心工件只能加工偏心轴。　　　　　　　　（　　）

189．设计夹具时，定位元件的公差应不大于工件公差的 1/2。　　（　　）

190．在花盘上加工非整圆孔工件时，花盘平面只准凸。　　　　　（　　）

191．锯齿型螺纹车刀的刀尖角对称且相等。　　　　　　　　　　（　　）

192．利用单动卡盘分线属于法向分线法。　　　　　　　　　　　（　　）

193．在精车蜗杆时，一定要采用水平装刀法。　　　　　　　　　（　　）

194．连接盘零件图的剖面线用粗实线画出。　　　　　　　　　　（　　）

195．量块选用时，一般为 5 块以上。 （　　）

196．使用量块的环境温度不要与鉴定该量块的环境温度一致。 （　　）

197．内径千分尺可用来测量两平行完整孔的心距。 （　　）

198．对于精度要求不高的两孔中心距，测量方法不同。 （　　）

199．Tr 36×12（6）表示公称直径为 ϕ36mm 的梯形双头螺纹，螺距为 6 mm。

（　　）

200．齿厚是蜗杆的一个重要参数。 （　　）

数控车工中级理论题库答案

一、选择题

1. A	2. C	3. A	4. A	5. C	6. B	7. C	8. B
9. A	10. D	11. B	12. B	13. D	14. A	15. A	16. C
17. A	18. A	19. D	20. B	21. B	22. A	23. C	24. C
25. B	26. B	27. A	28. A	29. D	30. C	31. C	32. D
33. A	34. C	35. C	36. B	37. B	38. A	39. C	40. A
41. C	42. B	43. B	44. D	45. A	46. B	47. D	48. B
49. C	50. A	51. D	52. B	53. B	54. A	55. B	56. C
57. D	58. B	59. C	60. B	61. C	62. A	63. C	64. D
65. D	66. D	67. B	68. D	69. C	70. C	71. C	72. D
73. B	74. C	75. B	76. C	77. B	78. D	79. C	80. D
81. C	82. B	83. C	84. B	85. B	86. C	87. B	88. B
89. B	90. D	91. C	92. C	93. D	94. A	95. D	96. C
97. D	98. C	99. C	100. C	101. C	102. C	103. C	104. C
105. B	106. D	107. D	108. C	109. C	110. C	111. A	112. C
113. D	114. A	115. C	116. B	117. B	118. A	119. B	120. C
121. C	122. A	123. D	124. C	125. D	126. A	127. D	128. C
129. A	130. D	131. C	132. D	133. A	134. C	135. C	136. C
137. D	138. B	139. B	140. B	141. C	142. C	143. A	144. D
145. B	146. B	147. C	148. C	149. C	150. B	151. C	152. C
153. D	154. A	155. B	156. C	157. A	158. B	159. B	160. B

二、判断题

161. √ 162. √ 163. × 164. √ 165. √ 166. × 167. × 168. ×

169. × 170. √ 171. √ 172. √ 173. × 174. × 175. × 176. √

177. × 178. × 179. √ 180. √ 181. × 182. × 183. √ 184. √

185. √ 186. √ 187. √ 188. × 189. × 190. × 191. √ 192. √

193. √ 194. × 195. × 196. × 197. × 198. × 199. √ 200. √

附录二 数控车工中级技能操作题库

一、考核项目

螺纹轴。

二、考核要求

1）公差等级：IT10。
2）表面粗糙度：Ra3.2mm。
3）时间定额：90min。
4）图形及技术要求：

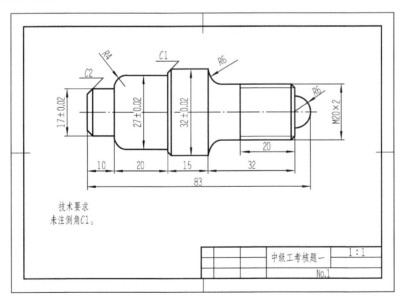

中级工考核样题一

三、评分表

项目	序号	考核要求	配分	评分标准	检测结果	得分
外径	1	$\phi32\pm0.02$	10	超差 0.01 扣 1 分		
	2	$\phi27\pm0.02$	10	超差 0.01 扣 1 分		
	3	$\phi17\pm0.02$	10	超差 0.01 扣 1 分		
螺纹	4	M20×2	10	超差全扣		
倒角	5	R4	5	超差全扣		
	6	R6（2 处）	8	超差 1 处扣 4 分		
	7	C1	5	超差全扣		
	8	C2	5	超差全扣		
长度	9	10	5	超差全扣		
	10	20	5	超差全扣		
	11	15	5	超差全扣		
	12	32	5	超差全扣		
	13	83	7	超差全扣		
	14	Ra3.2	10	超差全扣		
其他	15	安全操作、文明生产		违者酌情扣 1～10 分		

四、备料清单

1. 考试材料

$\phi35mm×85mm$ 铝棒。

2. 工、刃、量、辅具准备

序号	名称	型号	数量	要求
1	90°外圆车刀	相应车床	1	
2	切断刀	刀片宽 4mm	1	
3	外螺纹车刀	牙型角 60°	1	
4	游标卡尺	0.02/0～150mm	1	
5	外径千分尺	0.01/0～25mm	1	
6	外径千分尺	0.01/25～50mm	1	
7	外螺纹环规	M20×2	1 套	
8	垫刀片		若干	
9	卡盘扳手		1	

续表

序号	名称	型号	数量	要求
10	刀架扳手		1	
11	什锦锉		1 套	

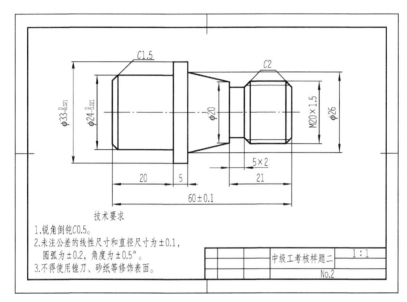

中级工考核样题二

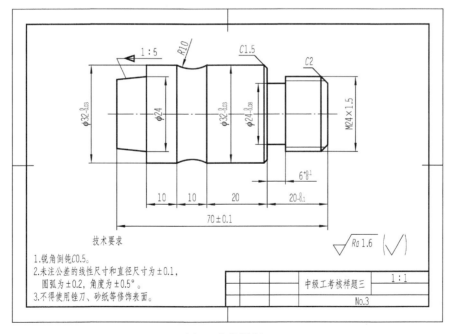

中级工考核样题三

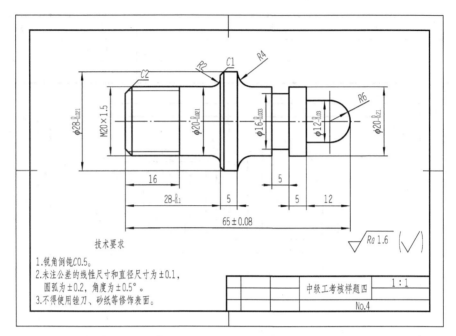

技术要求
1. 锐角倒钝C0.5。
2. 未注公差的线性尺寸和直径尺寸为±0.1，
   圆弧为±0.2，角度为±0.5°。
3. 不得使用锉刀、砂纸等修饰表面。

| | | 中级工考核样题四 | 1:1 |
| | | | No.4 |

中级工考核样题四

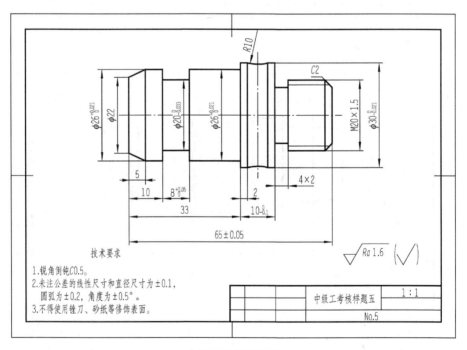

技术要求
1. 锐角倒钝C0.5。
2. 未注公差的线性尺寸和直径尺寸为±0.1，
   圆弧为±0.2，角度为±0.5°。
3. 不得使用锉刀、砂纸等修饰表面。

| | | 中级工考核样题五 | 1:1 |
| | | | No.5 |

中级工考核样题五

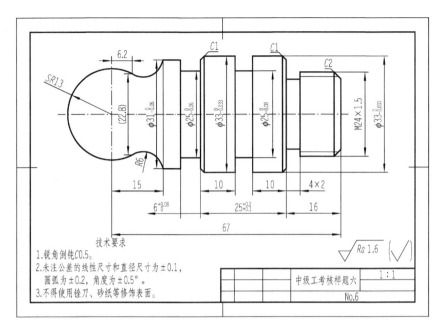

技术要求
1.锐角倒钝C0.5。
2.未注公差的线性尺寸和直径尺寸为±0.1,
  圆弧为±0.2,角度为±0.5°。
3.不得使用锉刀、砂纸等修饰表面。

$\sqrt{Ra\ 1.6}$ (√)

| | | 中级工考核样题六 | 1:1 |
| | | | No.6 |

中级工考核样题六

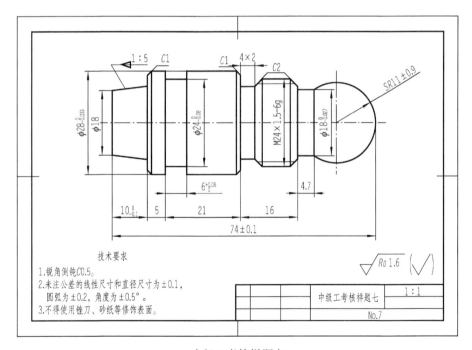

技术要求
1.锐角倒钝C0.5。
2.未注公差的线性尺寸和直径尺寸为±0.1,
  圆弧为±0.2,角度为±0.5°。
3.不得使用锉刀、砂纸等修饰表面。

$\sqrt{Ra\ 1.6}$ (√)

| | | 中级工考核样题七 | 1:1 |
| | | | No.7 |

中级工考核样题七

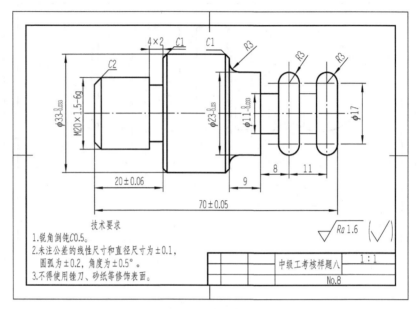

技术要求
1.锐角倒钝C0.5。
2.未注公差的线性尺寸和直径尺寸为±0.1，
圆弧为±0.2，角度为±0.5°。
3.不得使用锉刀、砂纸等修饰表面。

$\sqrt{Ra\,1.6}$ $\sqrt{}$

	中级工考核样题八	1:1
	No.8	

中级工考核样题八

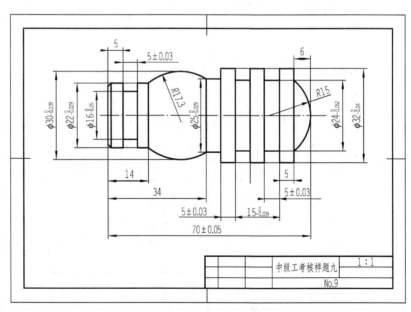

	中级工考核样题九	1:1
	No.9	

中级工考核样题九

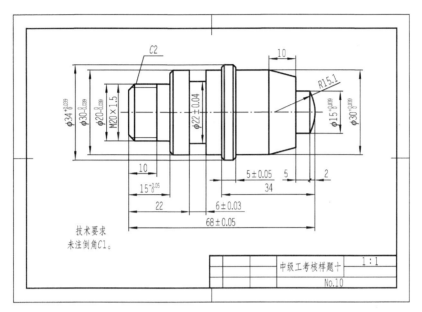

中级工考核样题十

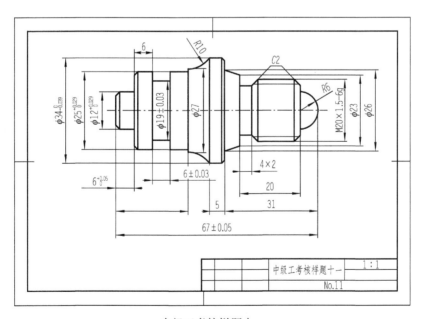

中级工考核样题十一

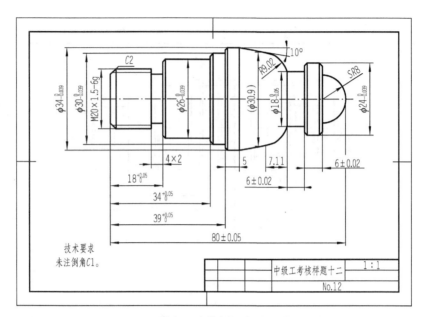

中级工考核样题十二

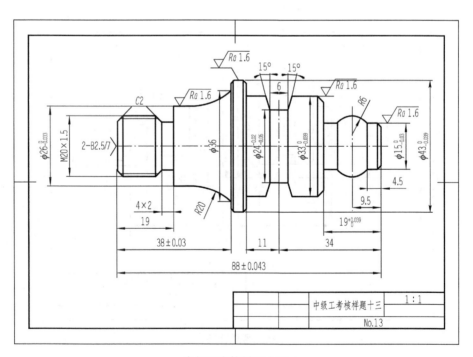

中级工考核样题十三

附录三　G 代码列表

G 代码	组	功能	G 代码	组	功能
G00		定位（快速）	G56		选择工件坐标系 3
G01	01	直线插补（切削进给）	G57	14	选择工件坐标系 4
G02		顺时针圆弧插补	G58		选择工件坐标系 5
G03		逆时针圆弧插补	G59		选择工件坐标系 6
G04		暂停	G65	00	宏程序调用
G07.1	00	圆柱插补	G66	12	宏程序模态调用
G10		可编程数据输入	G67		宏程序模态调用取消
G11		可编程数据输入方式取消	G70		精加工循环
G12.1	21	极坐标插补方式	G71		粗车循环
G13.1		极坐标插补方式取消	G72		平端面粗车循环
G18	16	ZX 平面选择	G73	00	形车复循环
G20	06	英寸输入	G74		端面深孔钻削
G21		毫米输入	G75		外径 / 内径钻孔
G22	09	存储行程检测功能有效	G76		螺纹切削复循环
G23		存储行程检测功能无效	G80		固定钻循环取消
G27		返回参考点检测	G83		平面钻孔循环
G28	00	返回参考点	G84		平面攻丝循环
G30		返回第 2、3、4 参考点	G85	10	正面镗循环
G31		跳转功能	G87		侧钻循环
G32	01	螺纹切削	G88		侧攻丝循环
G40		刀具半径补偿取消	G89		侧镗循环
G41	07	刀具半径左补偿	G90		外径 / 内径切削循环
G42		刀具半径右补偿	G92	01	螺纹切削循环
G50		坐标系设定或最大主轴转速钳制	G94		端面车循环
G50.3		工件坐标系预设	G96	02	恒表面速度控制
G52	00	局部坐标系设定	G97		恒表面速度控制取消
G53		机床坐标系选择	G98	05	每分进给
G54	14	选择工件坐标系 1	G99		每转进给
G55		选择工件坐标系 2	—	—	—

参考文献

崔兆华，2010. 数控车床加工工艺与编程操作 [M]. 南京：江苏教育出版社.

韩鸿鸾，2009. 数控车工全技师培训教程 [M]. 北京：化学工业出版社.

王猛，1999. 机床数控技术应用实习指导 [M]. 北京：高等教育出版社.

吴长有，2008. 数控仿真应用软件实训 [M]. 北京：机械工业出版社.

徐建高，2006. 数控车削编程与考级 [M]. 北京：化学工业出版社.

袁锋，2004. 数控车床培训教程 [M]. 北京：机械工业出版社.

浙江省职成教教研室组，2010. 数控车床编程与加工技术 [M]. 北京：高等教育出版社.